Uwe Bergmann

TRAINING

Trigonometrie

10. Schuljahr

Beilage: Lösungsheft

Ernst Klett Verlag

Die Beilage zu diesem Heft besteht aus dem Lösungsheft und einer lose beigelegten Formelsammlung.

CIP-Titelaufnahme der Deutschen Bibliothek

Bergmann, Uwe:
Training Trigonometrie
9./10. Schuljahr / Uwe Bergmann. –
1. Aufl. – Stuttgart: Klett, 1989
ISBN 3-12-922024-0

1. Auflage 1989

Satz: Zechnersche Buchdruckerei, Speyer
Druck: W. Röck, Weinsberg
Abbildungen: Karola Bergmann, Wolfenbüttel
Einband- und Innengestaltung: Hitz und Mahn, Stuttgart
ISBN 3-12-922024-0

Inhaltsverzeichnis

I. Die Definition der Winkelfunktionen 6
1. Winkelfunktionen am rechtwinkligen Dreieck 6
2. Winkelfunktionen am Einheitskreis 11
3. Arbeiten mit dem Taschenrechner 15
Test 19

II. Erste Anwendungen 20
1. Berechnungen am rechtwinkligen Dreieck 20
2. Berechnung anderer Flächen 26
3. Aufgaben aus der Vermessung 28
4. Berechnungen an Körpern 29
Test 31

III. Die Graphen der Winkelfunktionen 32
1. Betrachtungen am Einheitskreis 32
2. Sinuskurve und Kosinuskurve 37
3. Die Winkelfunktionen im Bogenmaß 39
4. Die Tangens- und Kotangensfunktion 42
Test 47

IV. Sinussatz und Kosinussatz und deren Anwendungen 48
1. Der Sinussatz 48
2. Der Kosinussatz 53
3. Berechnung beliebiger Dreiecke 58
4. Vermischte Aufgaben 62
Test 64

V. Weitergehende Betrachtungen 65
1. Beziehungen zwischen den Winkelfunktionen 65
2. Die trigonometrischen Funktionen auf $\mathbb{R}$ 68
3. Einfache Additionstheoreme 72
Test 76

Dieses Trainingsbuch soll dir helfen, die Trigonometrie und ihre Anwendungen zu verstehen. Es enthält alle wesentlichen Inhalte und Aufgabentypen, die im 10. Schuljahr behandelt werden. Wenn du das Buch gewissenhaft durcharbeitest, stellt sich bestimmt bald ein Erfolg ein und du wirst Sicherheit beim Lösen der Aufgaben erlangen. Dies kannst du mit Hilfe des Tests am Ende eines Kapitels selbst überprüfen.

Die Trigonometrie hat ihren besonderen Stellenwert durch die vielfältigen Anwendungsmöglichkeiten. Hierzu zählen die Berechnung der Seiten und Winkel von beliebigen Dreiecken, Vierecken und anderen ebenen und räumlichen Figuren, aber auch Aufgaben aus der Vermessung. Daher ist das sichere Beherrschen und die Einsicht in die Zusammenhänge der Trigonometrie nicht nur für die Schule, sondern auch für viele Berufe unverzichtbar. Außerdem kommen hier mit den trigonometrischen Funktionen Sinus, Kosinus, Tangens und Kotangens zum ersten Mal periodische Funktionen mit ihren besonderen Eigenschaften vor.

Die Trigonometrie ist bekannt und gefürchtet wegen ihrer vielen Formeln. Um das Wesentliche herauszuheben und die Schwerpunkte deutlich zu machen, tauchen in den Kapiteln I–IV dieses Buches nur die Formeln auf, die unbedingt notwendig sind. In Kapitel V werden dann weitere Formeln und Zusammenhänge hergeleitet. Du kannst jedoch – je nach Vorgehensweise deines Lehrers im Unterricht – die einzelnen Abschnitte des Kapitels V schon vorher durcharbeiten und zwar

Abschnitt V.1 nach Kapitel I,
Abschnitt V.2 nach Kapitel III
und Abschnitt V.3 ebenfalls nach Kapitel III oder IV.

Um dir das Hin- und Herblättern auf der Suche nach der geeigneten Formel zu ersparen, befindet sich am Ende des Buches in der Beilage eine Formelsammlung mit allen wichtigen vorkommenden Formeln.

Nun einige Tips, wie du mit dem Buch arbeiten solltest:

- Lies die einzelnen Aufgaben bzw. Aufgabenteile gründlich durch und notiere die Lösungen – falls durch Leerstellen gekennzeichnet – auch im Buch.
- Schreibe bei umfangreicheren Aufgaben den Lösungsweg vollständig auf, denn nur so kannst du bei der Kontrolle mit dem Lösungsheft deine Rechen- oder Denkfehler aufspüren.
- Befrage nur dann das Lösungsheft, wenn du aus eigener Kraft wirklich nicht mehr weiterkommst. Geh dabei nicht jeder Schwierigkeit durch Nachschlagen aus dem Wege. Du bringst dich sonst nur um den Lernerfolg.
- Arbeite nicht länger als eine Stunde.
- Überfliege bei jedem Neubeginn die Teile, die du schon bearbeitest hast.
- Laß die Intervalle zwischen deinem Arbeiten nicht länger als zwei bis drei Tage werden.

Und nun an die Arbeit! Du wirst sehen, auch du schaffst den Aufschwung in Mathe.

Mit Trainer Willy
kommst du
locker über alle
Hindernisse.

Viel Spaß!

I. Die Definition der Winkelfunktionen

1. Winkelfunktionen am rechtwinkligen Dreieck

1

Eine Straße mit konstanter Steigung steigt nach 100 m um 20 m an.

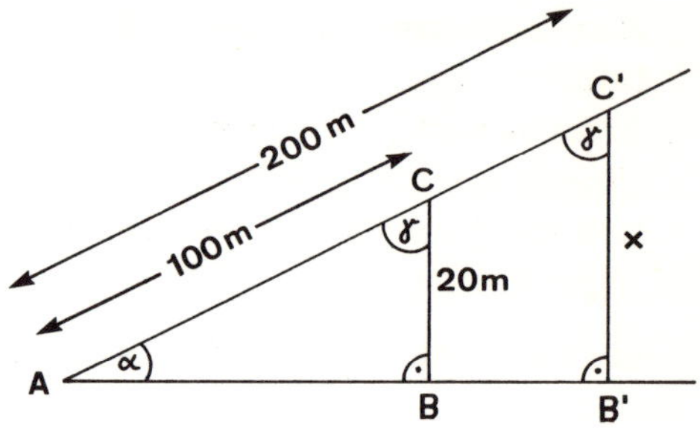

a) Um wieviel Meter ist sie nach 200 m angestiegen?

b) Die Dreiecke $\triangle ABC$ und $\triangle AB'C'$ sind ähnlich, da sie in ihren Winkeln übereinstimmen. Nenne die gleich großen Winkel der beiden Dreiecke.

c) Aus der Ähnlichkeitslehre ist dir bekannt, daß in ähnlichen Dreiecken die Seitenverhältnisse entsprechender Seiten gleich groß sind.
Hier gilt $\frac{\overline{BC}}{\overline{AC}} = \frac{20}{100} = \frac{\overline{B'C'}}{\overline{A'C'}} = \text{——} = \frac{1}{\ }$

2

Wir wollen berechnen, um wieviel m die Straße nach 150 m angestiegen ist.

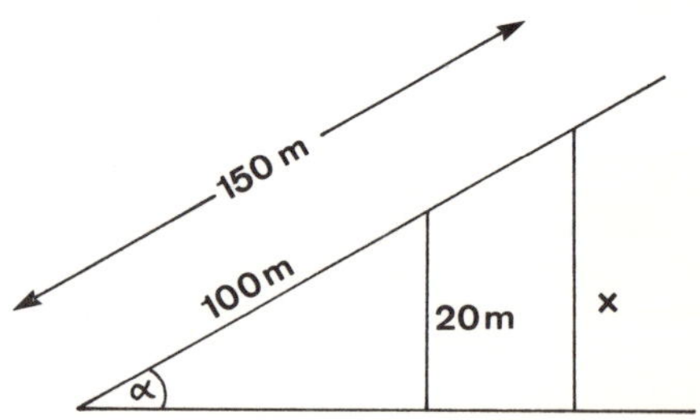

a) Wegen der Ähnlichkeit der Dreiecke $\triangle ABC$ und $\triangle AB'C'$ (oder nach dem zweiten Strahlensatz) gilt:
$\frac{20}{100} = \frac{x}{150}$
Berechne x.

b) Berechne entsprechend, um wieviel m die Straße nach 250 m (350 m) angestiegen ist.

3

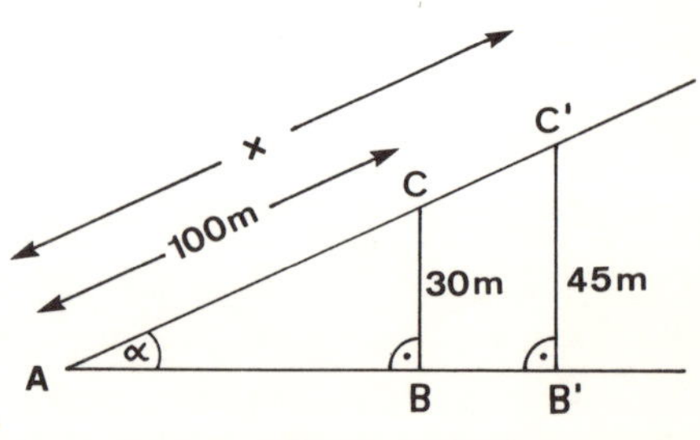

a) Eine andere Straße steigt konstant nach 100 m um 30 m an. Nach welcher Strecke ist sie um 45 m angestiegen?

b) Bilde die Seitenverhältnisse entsprechender Seiten. Sind sie gleich groß?

4

Berechne, nach welcher Strecke die Straße aus Aufgabe 3 um 36 m, 65 m oder 20 m angestiegen ist.

5

Die Seiten im Steigungsdreieck lassen sich offenbar berechnen, doch wie ist es mit dem Steigungswinkel α? Es ist für uns leider bisher nicht möglich, die Größe des Steigungswinkels α zu berechnen. Konstruiere jeweils das Dreieck $\triangle ABC$ aus Aufgabe 1 und 3 und miß den Steigungswinkel. Zeichne im Maßstab 1:1000.

In Aufgabe 1 und 3 sind die Seitenverhältnisse $\frac{\overline{AC}}{\overline{BC}}$ und $\frac{\overline{A'C'}}{\overline{B'C'}}$ jeweils gleich groß. Dadurch wird die Steigung der Straße beschrieben.
Zu jeder Steigung gehört auch ein Steigungswinkel (α). Man kann daher sagen, daß zu einem Seitenverhältnis ein Winkel gehört.

Ein **rechtwinkliges** Dreieck besitzt bekanntlich eine Hypotenuse und zwei Katheten. Um die beiden Katheten unterscheiden zu können, legen wir fest:

Von dem spitzen Winkel α aus gesehen heißt die Kathete, die α **gegenüber** liegt, die **Gegenkathete** und die andere Kathete die **Ankathete,** weil sie **an** dem Winkel α liegt.

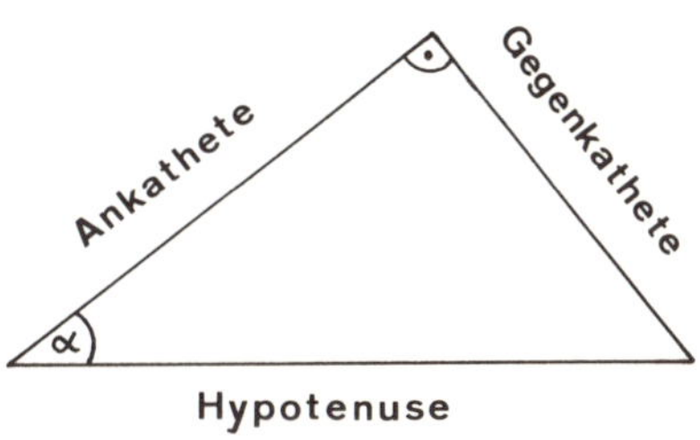

6

a) Welche Seite ist Gegenkathete und welche Seite ist Ankathete bezogen auf den Winkel α?

b) Nenne die Gegen- und die Ankathete, wenn du vom Winkel γ ausgehst.

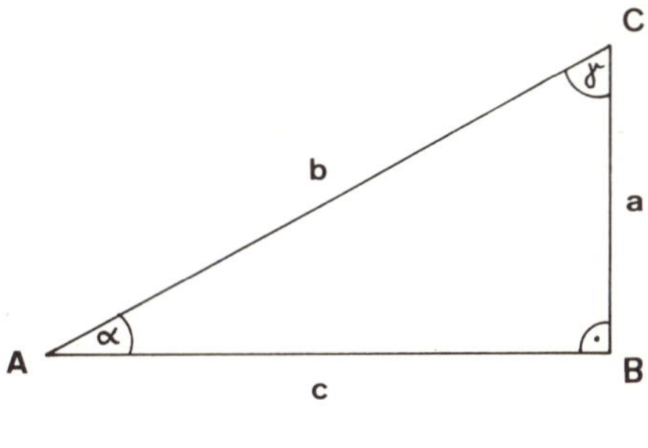

7

Nenne in den folgenden Dreiecken jeweils Gegenkathete und Ankathete. Gehe dabei immer vom angegebenen spitzen Winkel aus.

a)

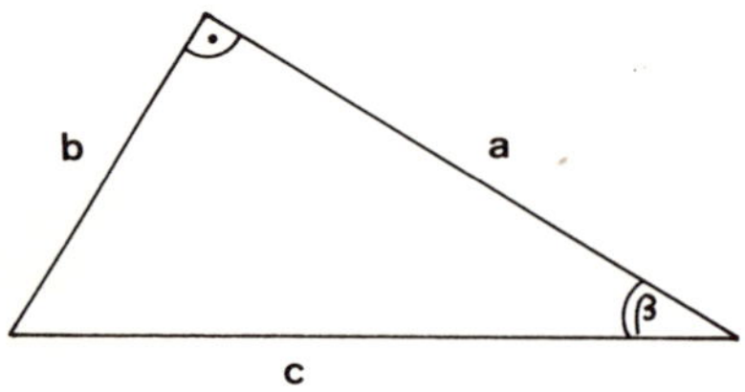

b)

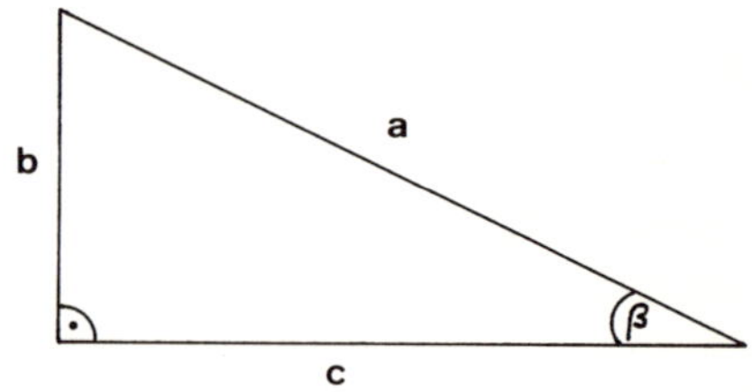

c)

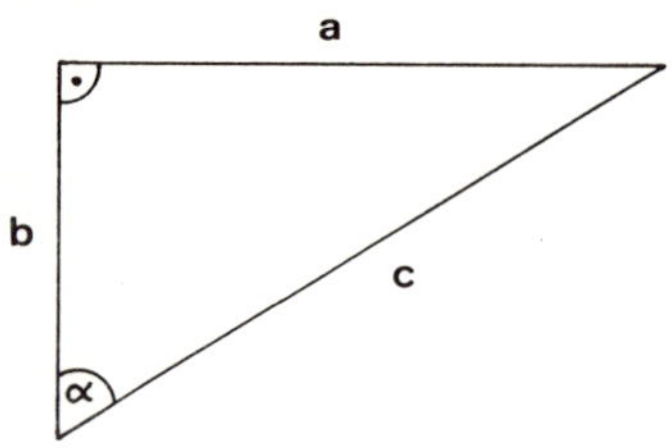

d)

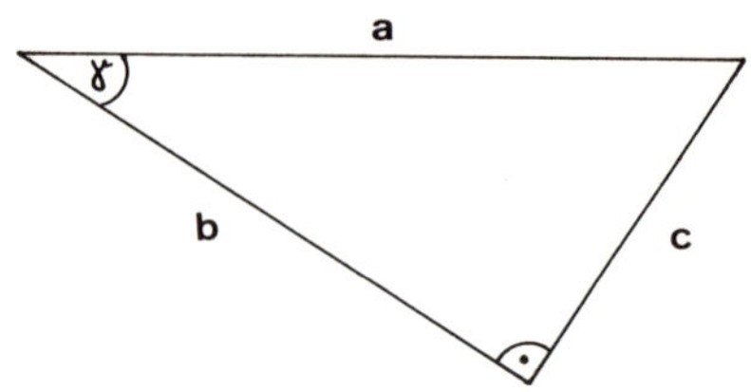

8

Zeichne ein Dreieck aus a = 4 cm, b = 5 cm und c = 3 cm.

a) Ist es rechtwinklig? Wo liegt der rechte Winkel?

b) Welche Seiten sind Gegenkathete, Ankathete und Hypotenuse zu α?

c) Mache dasselbe für γ.

Wir hatten am Anfang festgestellt, daß in einem Dreieck gewisse Seitenverhältnisse und Winkel zusammengehören. Den Seitenverhältnissen hat man Namen zugeordnet:

In einem **rechtwinkligen** Dreieck ist

Sinus: $\sin\alpha = \frac{\text{Gegenkathete}}{\text{Hypotenuse}} = \frac{a}{c}$

Kosinus: $\cos\alpha = \frac{\text{Ankathete}}{\text{Hypotenuse}} = \frac{b}{c}$

Tangens: $\tan\alpha = \frac{\text{Gegenkathete}}{\text{Ankathete}} = \frac{a}{b}$

Kotangens: $\cot\alpha = \frac{\text{Ankathete}}{\text{Gegenkathete}} = \frac{b}{a}$

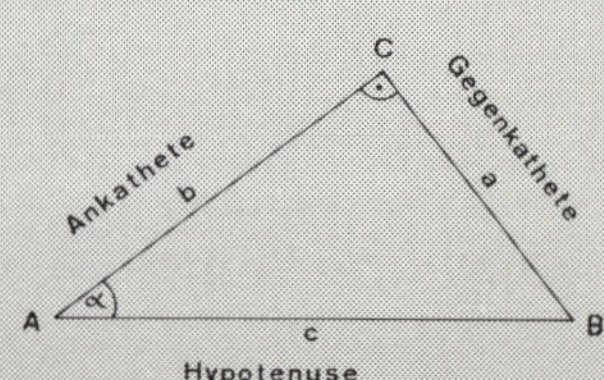

Auf diese Weise wird also eine **Beziehung zwischen Seiten und Winkeln** eines Dreiecks hergestellt.

9

a) Stelle für das Dreieck $\triangle PQR$ alle möglichen Seitenverhältnisse auf.

b) Welche davon sind $\sin\alpha$, $\cos\alpha$, $\tan\alpha$ oder $\cot\alpha$?

c) Welche bleiben übrig?

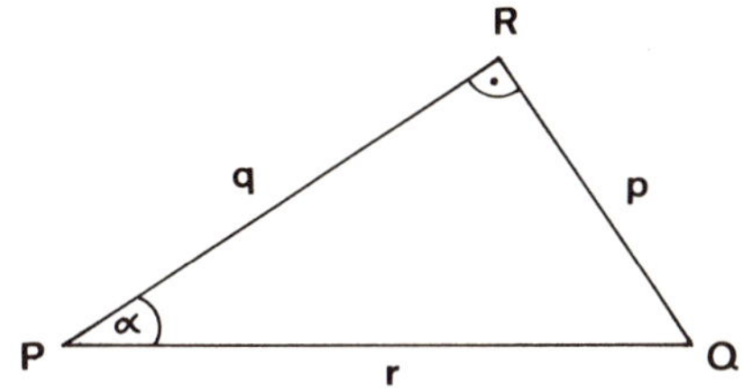

Bemerkung: Neben den vier bezeichneten Seitenverhältnissen kann man natürlich auch bilden

$$\frac{\text{Hypotenuse}}{\text{Gegenkathete}} \quad \text{und} \quad \frac{\text{Hypotenuse}}{\text{Ankathete}}.$$

Sie werden als Sekans bzw. Kosekans bezeichnet, sind aber im Bereich der Schulmathematik nicht mehr gebräuchlich.

10

a) Nenne Hypotenuse, Gegenkathete und Ankathete bezogen auf den Winkel γ.

b) Bilde damit die **Winkelfunktionen**

$\sin\gamma =$ —— $\cos\gamma =$ ——

$\tan\gamma =$ —— $\cot\gamma =$ ——

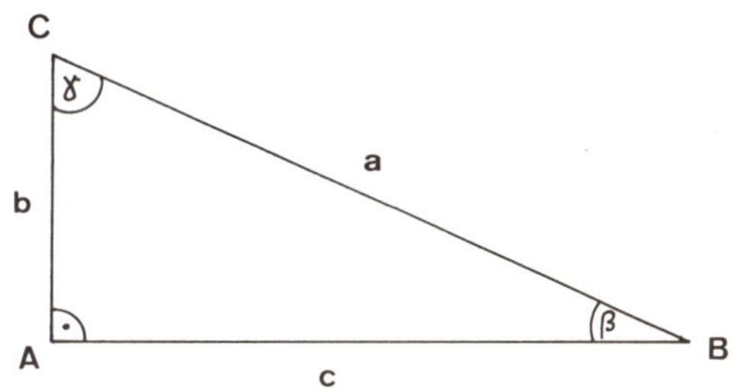

11

Mache dasselbe für den Winkel β.

12

a) Bestimme die Winkelfunktionen für den Winkel α. Identifiziere dazu zunächst Gegenkathete, Ankathete und Hypotenuse.

b) Berechne die Werte der Winkelfunktionen. Runde ggf. auf zwei Stellen nach dem Komma.

Beispiel: $\sin\alpha = \frac{3\text{ cm}}{5\text{ cm}} = 0{,}6.$

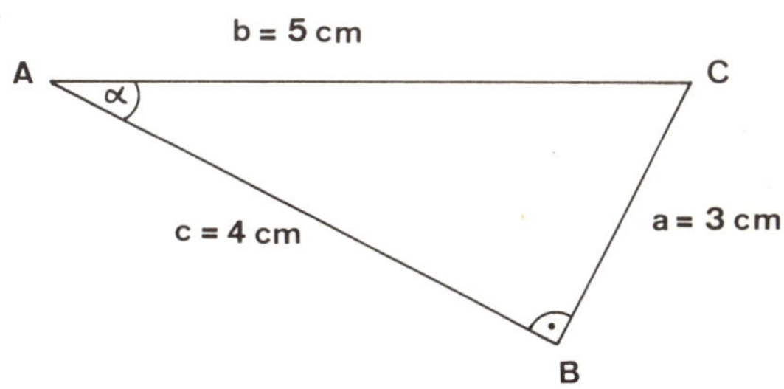

13

In einem rechtwinkligen Dreieck ist $a = 12$ cm, $b = 13$ cm und $c = 5$ cm. Berechne auf zwei Stellen nach dem Komma:
$\sin\alpha$, $\sin\gamma$, $\cos\alpha$, $\cos\gamma$, $\tan\alpha$, $\tan\gamma$, $\cot\alpha$ und $\cot\gamma$.

14

Gegeben ist ein rechtwinkliges Dreieck mit $\alpha = 30°$, $\beta = 60°$, $\gamma = 90°$ und $c = 6$ cm.

a) Zeichne das Dreieck und miß die Längen von a und b.

b) Berechne damit $\sin\alpha = \sin 30°$.

c) Wie groß ist $\cos 30°$, $\tan 30°$ und $\cot 30°$?

15

Zeichne ein rechtwinkliges Dreieck ($\alpha = 90°$) mit $\beta = 40°$ und $c = 5$ cm. Bestimme näherungsweise $\sin\beta$, $\cos\beta$, $\tan\beta$ und $\cot\beta$.
Lies dazu vorher die Längen von a und b aus deiner Zeichnung ab.

16

Zeichne das rechtwinklige Dreieck mit $a = 8{,}9$ cm, $b = 8$ cm und $c = 3{,}9$ cm und miß seine Winkel.
Bestimme jeweils zu β und γ die Werte aller vier Winkelfunktionen.

17

a) Zeichne einen Halbkreis mit $r = 5$ cm und dahinein wie in der Abbildung ein rechtwinkliges Dreieck mit $\alpha = 20°$.

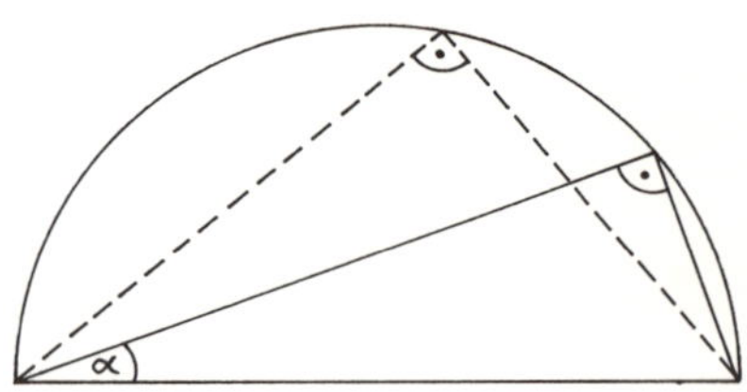

b) Ermittle $\sin 20°$, indem du zunächst die Längen der benötigten Seiten abmißt.

c) Bestimme entsprechend $\sin 40°$, $\sin 60°$ und $\sin 80°$.

2. Winkelfunktionen am Einheitskreis

1

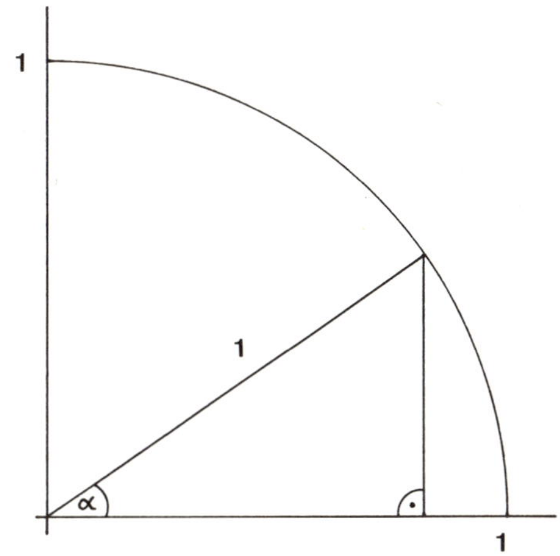

a) Zeichne wie in der Abbildung das Viertel eines Kreises in dein Heft. Wähle als Radius 1 dm = 10 cm.

b) Zeichne auch das rechtwinklige Dreieck ein, wobei $\alpha = 35°$ ist. Wie lang ist die Hypotenuse?

c) Miß die Längen der beiden Katheten und gib sie in der Einheit dm an.

d) Berechne $\sin\alpha$ und $\cos\alpha$ und vergleiche sie mit den Meßwerten.

In Aufgabe **1** haben wir den sogenannten **Einheitskreis** kennengelernt. Charakteristisch für ihn ist, daß sein Radius genau eine Einheit (hier 1 dm) lang ist. Auch Kreise mit einem Radius von 1 cm, 1 m oder 1 inch sind Einheitskreise. Zeichnet man nun wie oben ein rechtwinkliges Dreieck ein, so entspricht dessen Hypotenuse gerade dem Radius und hat folglich die Länge 1. Dies kommt uns beim Bilden von

$$\sin\alpha = \frac{\text{Gegenkathete}}{\text{Hypotenuse}} \quad \text{und} \quad \cos\alpha = \frac{\text{Ankathete}}{\text{Hypotenuse}}$$

zugute, da wir nun immer nur durch 1 dividieren müssen, z. B.

$$\sin\alpha = \frac{\text{Gegenkathete}}{1} = \text{Gegenkathete.}$$

2

Schreibe die entsprechende Gleichung für $\cos\alpha$ auf.

Dies bedeutet praktisch: Im Einheitskreis gibt die Länge der Gegenkathete den Sinus und die Länge der Ankathete den Kosinus des eingezeichneten Winkels an.

Im Einheitskreis läßt sich der Sinus bzw. Kosinus eines eingezeichneten Winkels direkt ablesen.

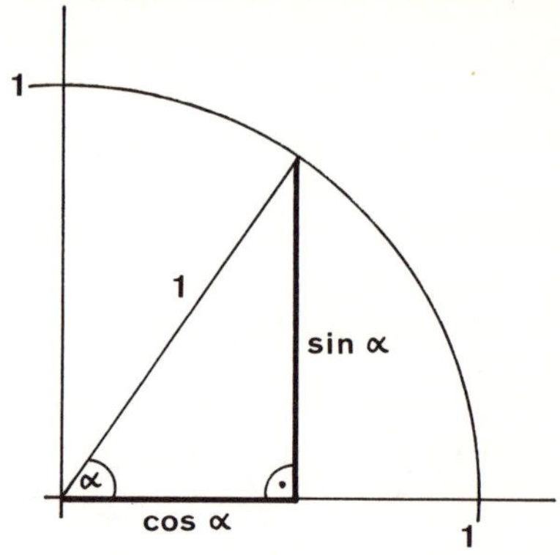

3

Zeichne wie oben das Viertel des Einheitskreises mit $r = 1$ dm und dahinein den Winkel $\alpha = 75°$. Lies die Werte für $\sin\alpha$ und $\cos\alpha$ ab.

4

a) Übertrage die Zeichnung in dein Heft. Wähle als Radius $r = 1$ dm.

b) Lege eine Tabelle an und entnimm aus einer Zeichnung die einzutragenden Werte.

α	$\sin\alpha$	$\cos\alpha$
10°		
20°		
...		
80°		

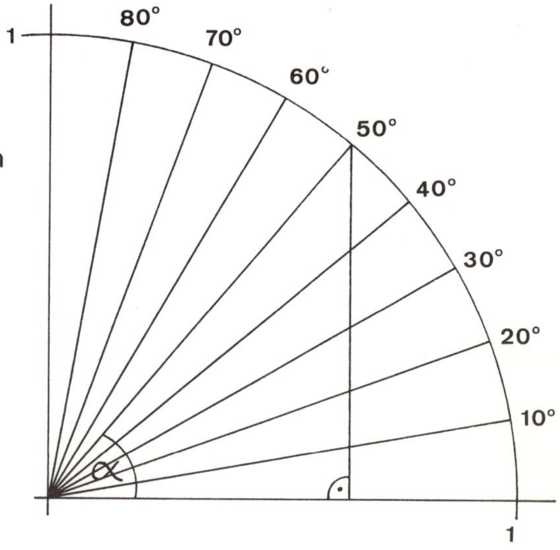

5

Gibt es rechtwinklige Dreiecke, in denen ein Winkel 0° oder ein zweiter Winkel 90° groß ist?

Mache dir anhand der Zeichnung von Aufgabe **4** anschaulich klar, daß der Wert von $\sin\alpha$ sich 0 nähert, wenn α immer weiter an 0° herankommt. Beobachte dabei, wie bei kleiner werdendem Winkel α auch die Gegenkathete immer kürzer wird.

Überlege entsprechend, welchem Wert sich $\sin\alpha$ annähert, wenn α immer näher an 90° rückt.

6

Untersuche ebenso, welche Werte wohl für $\cos 0°$ und $\cos 90°$ in Frage kommen.

Nach den in Aufgabe 5 und 6 anschaulich durchgeführten Überlegungen, vereinbaren wir:

$\sin 0° = 0$ $\sin 90° = 1$
$\cos 0° = 1$ $\cos 90° = 0$

Beachte: Diese Festsetzungen lassen sich durch Seitenverhältnisse an rechtwinkligen Dreiecken nicht erklären, da es derartig „entartete" Dreiecke nicht gibt.

7

Zeichne die Winkel in einen Einheitskreis und bestimme durch Ablesen ihren Sinus und Kosinus.

a) 67° **b)** 41° **c)** 18° **d)** 79°

8

Wir haben inzwischen festgestellt, daß es in einem rechtwinkligen Dreieck zu spitzen Winkeln α je einen Sinuswert $\sin\alpha$ und einen Kosinuswert $\cos\alpha$ gibt.

Die Zuordnungen $x \to y = \sin x$ und $x \to y = \cos x$ heißen **Sinusfunktion** und **Kosinusfunktion.**
Sie sind bisher für Winkel von $0 \leq \alpha \leq 90°$ definiert.

Zeichne die beiden Funktionsgraphen. Verwende dabei die in Aufgabe 4 abgelesenen Werte.

Auch der Tangens und der Kotangens eines Winkels lassen sich anhand des Einheitskreises bestimmen.

9

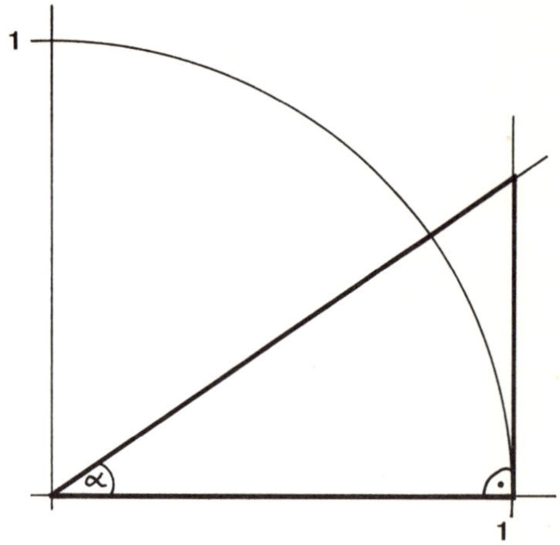

a) Übertrage die Zeichnung in dein Heft. Wähle für den Einheitskreis r = 1 dm und für $\alpha = 35°$.

b) Lies die Längen der Katheten des eingezeichneten rechtwinkligen Dreiecks ab und gib sie in der Einheit dm an.

c) Bestimme den Tangens aus
$\tan\alpha = \frac{\text{Gegenkathete}}{\text{Ankathete}}$.
Welche Seite ist jetzt 1?
Welcher Seite des Dreiecks entspricht folglich der Tangens?

10

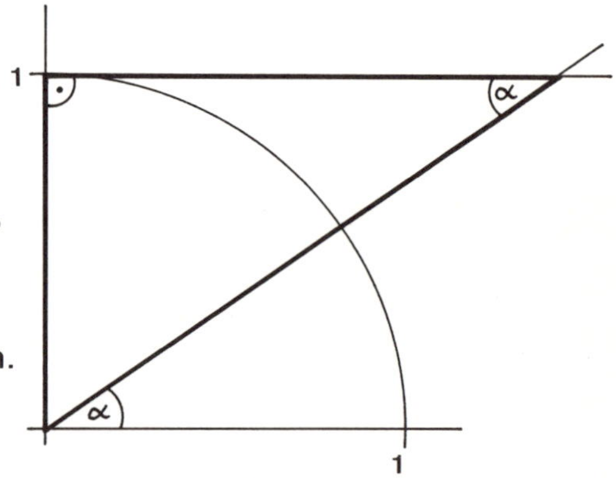

a) Übertrage die Zeichnung in dein Heft. Benutze die Werte von Aufgabe 9.

b) In dem hervorgehobenen rechtwinkligen Dreieck taucht der Winkel $\alpha = 35°$ ebenfalls auf (Wechselwinkel).
Wie lang sind die Katheten dieses Dreiecks? Gib sie in der Einheit dm an.

c) Bestimme cot 35°. Welcher Dreiecksseite entspricht dieser Wert?

Im Einheitskreis lassen sich der Tangens und der Kotangens eines eingezeichneten Winkels direkt ablesen.

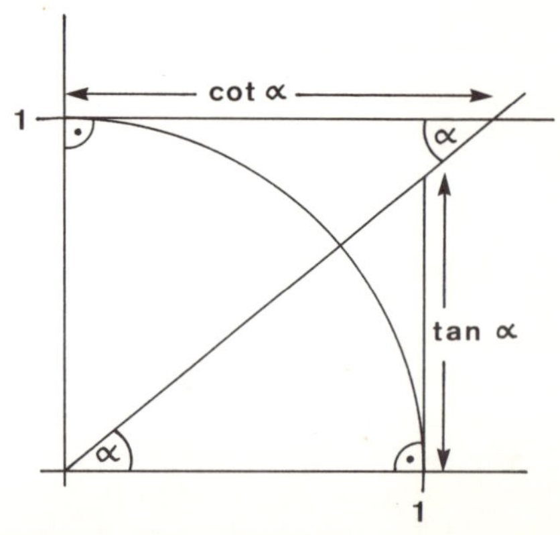

11

a) Bestimme den Tangens zu den folgenden Winkeln durch Ablesen am Einheitskreis: $\alpha = 10°, 30°, 60°$

b) Wie verhalten sich die Tangenswerte, wenn α immer näher an 90° heranrückt? Gibt es einen Wert für $\tan 90°$?

c) Stell dir vor, der Winkel α würde immer kleiner. Für $\alpha = 0°$ gibt es kein rechtwinkliges Dreieck mehr. Welcher Wert ist für $\tan 0°$ dennoch sinnvoll?

Entsprechende Überlegungen lassen sich auch für den Kotangens durchführen. Es wird daher festgesetzt:

$\tan 0° = 0$ $\cot 90° = 0$

Zu $\alpha = 90°$ gibt es **keinen** Tangens und zu $\alpha = 0°$ **keinen** Kotangens.

12

a) Stelle in Form einer Wertetabelle die Tangenswerte für $\alpha = 0°, 10°, 20°, \ldots, 60°$ zusammen. Entnimm die in vorangegangenen Aufgaben noch nicht bestimmten Werte einer Zeichnung (Einheitskreis).

b) Skizziere damit den Graphen der Tangensfunktion $x \rightarrow y = \tan x$.

13

Skizziere ebenso den Graphen der Kotangensfunktion $x \rightarrow y = \cot x$. Bestimme dazu die Kotangenswerte für $30°, 40°, 50°, \ldots, 90°$.

3. Arbeiten mit dem Taschenrechner

Für die Bestimmung von Funktionswerten der Sinus- und Kosinusfunktion bzw. Tangens- und Kotangensfunktion haben wir bisher die beiden Möglichkeiten kennengelernt:

- Zeichnen eines rechtwinkligen Dreiecks, Messen von Hypotenuse und Katheten, Bilden und Ausrechnen des geeigneten Quotienten
- Zeichnen eines Einheitskreises, Eintragen des rechtwinkligen Dreiecks, Ablesen der Werte.

Dieses zeichnerische Vorgehen ist sehr umständlich und birgt leider oft Ungenauigkeiten in sich. Darüber hinaus ist die rechnerische Bestimmung der Funktionswerte mit den in der Schule zur Verfügung stehenden Hilfsmitteln nicht möglich.
Wir müssen daher entweder auf Tabellen oder Tafeln zurückgreifen, in denen die Werte mit vier oder fünf Stellen nach dem Komma verzeichnet sind, oder lassen uns die Werte auf dem Taschenrechner anzeigen.
Hierzu benutzen wir die Tasten [sin], [cos], [tan] und [INV].

Beachte: Dein Taschenrechner verfügt über eine Taste oder einen Schalter zum Umstellen von DEG (Winkelgrad 0°–360°) auf RAD (Bogenmaß). Überprüfe, ob die Einstellung DEG vorliegt. Nur dann erhältst du bei den folgenden Aufgaben die gewünschten Ergebnisse.

1

Schalte deinen Taschenrechner ein und gib ein:
50 [sin] Ergebnis: 0.7660444 (bei Rechnern mit 8stelliger Anzeige)
Das bedeutet: $\sin 50° \approx 0{,}7660444$

Beachte: Auch in deinem Taschenrechner sind nur Näherungswerte der Winkelfunktionen abzulesen.
Da es für unsere Zwecke jedoch nur auf eine eingeschränkte Genauigkeit ankommt, vereinbaren wir, daß gelten soll:
$\sin 50° = 0{,}7660$ (auf 4 Stellen gerundet)

2

Lege eine Tabelle an und trage die auf vier Stellen nach dem Komma gerundeten Werte ein, die der Taschenrechner anzeigt.

α	10°	20°	30°	...	80°
$\sin\alpha$					
$\cos\alpha$					

3

Gib auf vier Stellen gerundet an:

a) $\sin 43{,}5°$ **b)** $\cos 18{,}3°$ **c)** $\sin 87{,}1°$ **d)** $\cos 50{,}9°$

Umgekehrt zeigt der Taschenrechner auch an, wie groß der zu einem gewissen Sinus- oder Kosinuswert gehörige Winkel ist.

Beispiel: Es sei $\sin\alpha = 0{,}7934$.
Wir geben ein: 0.7934 [INV] [sin]
Der Taschenrechner zeigt an: 52.504392.
Aus praktischen Erwägungen runden wir auf die erste Stelle nach dem Komma und erhalten das Ergebnis $\alpha \approx 52{,}5°$.

4

Bestimme die Winkel zu den angegebenen Sinus- bzw. Kosinuswerten.

a) $\sin\alpha = 0{,}2453$ **b)** $\cos\alpha = 0{,}3891$ **c)** $\sin\alpha = 0{,}8090$

d) $\cos\alpha = 0{,}9455$ **e)** $\sin\alpha = 0{,}7071$ **f)** $\cos\alpha = 0{,}5$

5

Berechne die zugehörigen Winkel mit Hilfe des Taschenrechners.
Achte darauf, daß du den Term auf der rechten Seite der Gleichung richtig eingibst.

a) $\sin\alpha = \frac{1}{2}\sqrt{2}$ **b)** $\sin\alpha = \frac{2}{5}$ **c)** $\sin\alpha = \sqrt{0{,}3}$

d) $\cos\alpha = \frac{5}{6}$ **e)** $\cos\alpha = \frac{1}{2}\sqrt{3}$ **f)** $\cos\alpha = \frac{1}{3}$

Auch die Funktionswerte der Tangens- und Kotangensfunktion sind im Taschenrechner gespeichert.

Beispiel: Gesucht ist $\tan 74°$.
Tippe ein: 74 [tan] Ergebnis: 3.4874144
Das bedeutet: $\tan 74° \approx 3{,}4874$ (gerundet)

6

Ermittle die Funktionswerte der Tangensfunktion zu den Winkeln
19°, 45°, 36°, 87°, 2,5°, 65,2°.

Möglicherweise hast du dich schon darüber gewundert, daß dein Taschenrechner nicht über eine Taste für die Kotangensfunktion verfügt.
Diese Taste ist überflüssig, da es zwischen Tangens und Kotangens eine sehr einfache Beziehung gibt.
Am Anfang hatten wir definiert:

$$\tan\alpha = \frac{\text{Gegenkathete}}{\text{Ankathete}} \quad \text{und} \quad \cot\alpha = \frac{\text{Ankathete}}{\text{Gegenkathete}}$$

Folglich gilt

$$\tan\alpha = \frac{1}{\cot\alpha}$$

7

Überprüfe die Formel durch Einsetzen der Definitionsgleichungen.

Hiermit lassen sich nun auch die Werte der Kotangensfunktion leicht ermitteln.

Beispiel: Gesucht ist $\cot 37° = \frac{1}{\tan 37°}$.
Wir tippen ein: 37 [tan] [1/x] Ergebnis: 1.3270448
Das bedeutet: $\cot 37° \approx 1{,}3270$ (gerundet)

8

Bestimme ebenso die Kotangenswerte zu den Winkeln
15°, 61°, 45°, 1,5°, 88°, 71,4°.

9

Gib auf vier Stellen nach dem Komma gerundet an:

a) $\tan 17{,}3°$ **b)** $\cot 54{,}6°$ **c)** $\tan 66{,}2°$ **d)** $\cot 19{,}8°$

Wir können auch mit Hilfe des Taschenrechners die zu einem Tangens- oder Kotangenswert gehörenden Winkel bestimmen.

Beispiel 1: $\tan\alpha = 0{,}4727$
Wir geben ein: 0.4727 [INV] [tan]
Der Taschenrechner zeigt an: 25.300102
Auf eine Stelle nach dem Komma gerundet ist demnach $\alpha \approx 25{,}3°$.

Beispiel 2: $\cot\alpha = 2{,}565$
Wir geben ein: 2.565 [1/x] [INV] [tan]
Der Taschenrechner zeigt an: 21.298997
Wir runden und erhalten $\alpha \approx 21{,}3°$.

10

Bestimme die zugehörigen Winkel. Runde auf eine Stelle nach dem Komma.

a) $\tan\alpha = 1{,}619$ **b)** $\cot\alpha = 13$ **c)** $\tan\alpha = 1$

d) $\cot\alpha = 0{,}3719$ **e)** $\tan\alpha = 0{,}3719$ **f)** $\cot\alpha = 1{,}2$

11

Berechne die zugehörigen Winkel mit Hilfe des Taschenrechners.

a) $\tan\alpha = \sqrt{3}$ **b)** $\cot\alpha = \sqrt{3}$ **c)** $\cot\alpha = 1$

d) $\tan\alpha = \frac{1}{3}\sqrt{3}$ **e)** $\cot\alpha = 0{,}5774$ **f)** $\tan\alpha = 2$

Test

1

Schreibe die Winkelfunktionen bzgl. γ

a) unter Verwendung der Begriffe Ankathete, Gegenkathete und Hypotenuse,

b) mit Hilfe der Seitenbezeichnungen a, b oder c

auf.

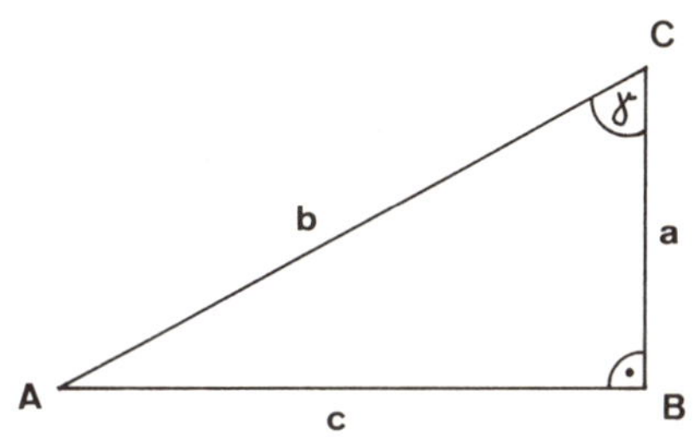

2

Zeichne ein rechtwinkliges Dreieck mit $a = 5{,}5$ cm, $b = 7{,}3$ cm und $c = 4{,}8$ cm und miß den Winkel α.
Berechne $\sin\alpha$, $\cos\alpha$, $\tan\alpha$ und $\cot\alpha$. Runde auf zwei Stellen nach dem Komma.

3

Zeichne am Einheitskreis ($r = 1$ dm) den Winkel $\alpha = 36°$. Zeichne die Strecken ein, die $\sin 36°$, $\cos 36°$, $\tan 36°$ und $\cot 36°$ entsprechen und miß ihre Längen.

4

Bestimme mit Hilfe des Taschenrechners.

a) $\cos 46{,}3°$, $\tan 12{,}5°$, $\sin 60°$, $\cot 30°$ (auf vier Stellen gerundet)

b) $\tan\alpha = 1{,}625$, $\sin\alpha = \frac{1}{2}\sqrt{3}$, $\cot\alpha = 1$, $\cos\alpha = 0{,}75$

II. Erste Anwendungen

1. Berechnungen am rechtwinkligen Dreieck

Manche Berechnungen an Dreiecken konntest du auch früher schon durchführen. So kannst du seit dem 7. Schuljahr mit Hilfe des Satzes über die Winkelsumme im Dreieck die Größe eines Winkels berechnen, wenn die beiden anderen bekannt sind.
Im 9. Schuljahr hast du für rechtwinklige Dreiecke den Satz des Pythagoras kennengelernt. Damit läßt sich die Länge einer Seite berechnen, wenn man die anderen beiden Längen kennt.
Es war jedoch bisher nicht möglich, **alle** Seiten **und** Winkel zu berechnen. Wie man am **rechtwinkligen** Dreieck derartige Berechnungen durchführt, werden wir im folgenden untersuchen.

1

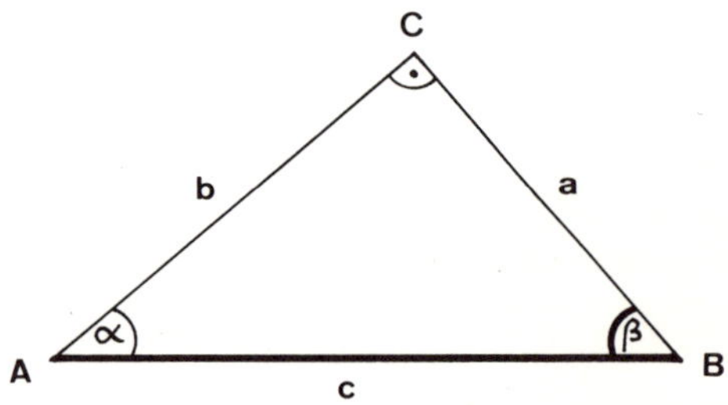

In dem rechtwinkligen Dreieck ist $c = 7{,}3$ cm und $\beta = 49°$.
Gesucht sind a, b und α.

a) Wie viele Seiten und wie viele Winkel sind gegeben?

b) Da wir die Größen zweier Winkel kennen, können wir den dritten Winkel berechnen. (Winkelsumme im Dreieck)
Es gilt $\alpha = 180° - 90° - \beta = 90° - \beta$.
Berechne α.

c) Die Seite b ist die Gegenkathete zum Winkel β. Die Länge der Hypotenuse c ist uns bekannt. Wir können schreiben
$\sin\beta = \frac{b}{c}$ und folglich $b = c \cdot \sin\beta$.
Setze die Werte ein und berechne b.

d) Die Seite a ist die Ankathete zum Winkel β. Es gilt also
$\cos\beta = \frac{a}{c}$ und folglich $a = c \cdot \cos\beta$.
Berechne a.

e) Könntest du auch mit Hilfe des Satzes des Pythagoras a berechnen? Führe die Rechnung zur Kontrolle durch.

2

In einem rechtwinkligen Dreieck ($\gamma = 90°$) sind gegeben: $c = 7{,}4$ cm, $\alpha = 19°$.

a) Fertige eine Skizze an und markiere die bekannten Stücke.

b) Berechne β über die Winkelsumme im Dreieck.

c) Berechne die Seite a mit Hilfe einer geeigneten Winkelfunktion.

d) Berechne entsprechend die Seite b.

3

Das rechtwinklige Dreieck habe die Hypotenuse $c = 8{,}5$ cm und den Winkel $\alpha = 37°$.

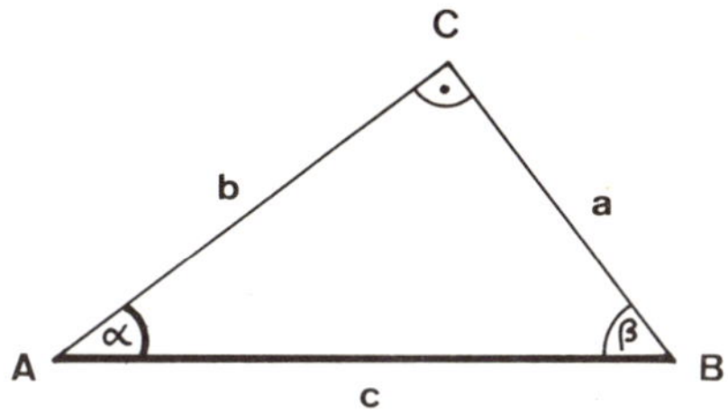

a) Berechne β über die Winkelsumme und die Seite a mit Hilfe von $\sin\alpha$.

b) Berechne nun b, indem du von $\sin\beta$ ausgehst.

c) Du kannst b auch berechnen, indem du den Satz des Pythagoras anwendest. Vergleiche das Ergebnis mit dem von b).

In Aufgabe 3 b) und c) hast du gesehen, daß es auch andere Lösungswege gibt, als den Lösungsweg von Aufgabe 1 oder 2. Die beiden Lösungswege von Aufgabe 3 haben jedoch einen gemeinsamen Nachteil: In ihnen werden Ergebnisse verwendet, die vorher erst errechnet worden sind. Dadurch können möglicherweise vorherige Rechenfehler mit übernommen werden.

MERKE! Benutze bei den Berechnungen nach Möglichkeit **nur** Größen, die schon in der Aufgabenstellung gegeben sind.

Beim Vergleich der bisher gestellten Aufgaben stellst du fest, daß bei allen immer dieselben Stücke gegeben waren, nämlich **die Hypotenuse** und **ein spitzer Winkel.**

4

Berechne die fehlenden Seiten und Winkel in dem rechtwinkligen Dreieck (rechter Winkel α) mit $a = 53$ cm und $\beta = 32°$.

- Skizze anfertigen und die gegebenen Stücke markieren
- den fehlenden Winkel berechnen (Winkelsumme)
- Gegenkathete und Ankathete mit Hilfe geeigneter Winkelfunktionen ausdrücken und berechnen; dabei keine vorher errechneten Stücke verwenden

5

In dem rechtwinkligen Dreieck sind gegeben: $b = 7{,}7$ cm und $\alpha = 25°$. Gesucht sind a, c und β.

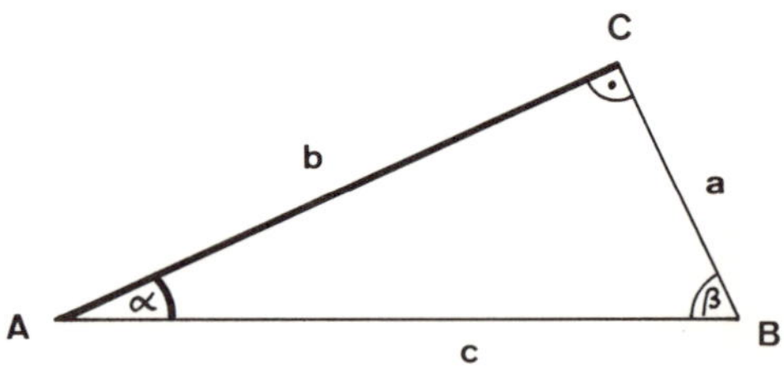

a) Wie viele Seiten und wie viele Winkel sind gegeben?

b) Berechne β.

c) Die Seite b ist Ankathete des gegebenen Winkels α. Was ist dann die Seite a? Welche Winkelfunktion von α wird durch das Verhältnis $\frac{a}{b}$ ausgedrückt?

d) Löse die Gleichung $\tan\alpha = \frac{a}{b}$ nach a auf und berechne a.

e) Schreibe eine Gleichung auf, die b, c und α und die geeignete Winkelfunktion enthält. Berechne daraus c.

6

Von einem rechtwinkligen Dreieck kennt man die Seite $a = 6{,}5$ cm und den Winkel $\alpha = 42°$.

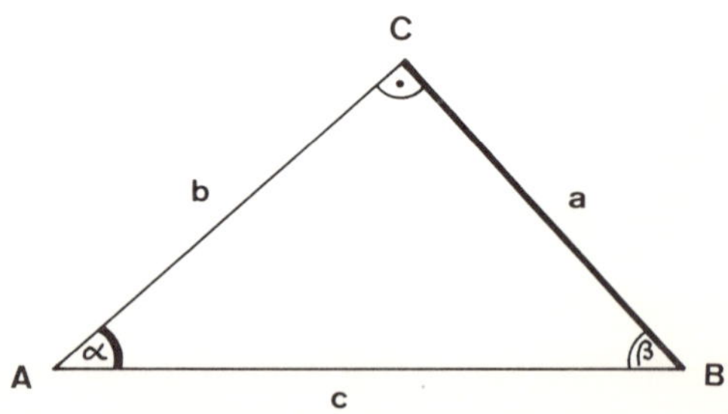

a) Berechne den Winkel β.

b) Überlege, welche Art von Katheten a und b zu α sind und drücke das Verhältnis $\frac{b}{a}$ durch eine Winkelfunktion aus. Berechne b.

c) Berechne c mit Hilfe der geeigneten Winkelfunktion.

Während in den Aufgaben [1] bis [4] neben dem rechten Winkel ein weiterer Winkel und die Hypotenuse gegeben war, gaben Aufgabe [5] und [6] stattdessen einen Winkel und eine Kathete vor. Folglich mußtest du bei der Berechnung der übrigen Stücke auch andere Winkelfunktionen (tan, cot) benutzen.

7

Berechne die fehlenden Seiten und Winkel des rechtwinkligen Dreiecks ($\beta = 90°$) mit $c = 6$ cm und $\gamma = 62°$.

- Skizze anfertigen und die gegebenen Stücke kennzeichnen
- den fehlenden Winkel berechnen (Winkelsumme)
- zweite Kathete und Hypotenuse mit Hilfe geeigneter Winkelfunktionen ausdrücken und berechnen (gegebene Stücke verwenden!)

In den vorangegangenen Aufgaben waren immer neben dem rechten Winkel eine Seite (Hypotenuse oder eine Kathete) und ein weiterer Winkel gegeben. Im folgenden wollen wir Aufgaben lösen, bei denen zwei Seiten, aber kein weiterer Winkel bekannt sind.

8

Das rechtwinklige Dreieck besitzt die Seiten $b = 4,6$ cm und $c = 6$ cm. Gesucht sind a, α und β.

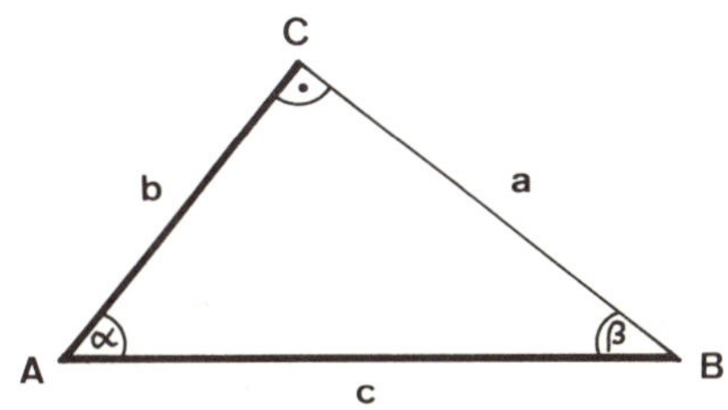

a) Wie viele Seiten und wie viele Winkel sind bekannt?

b) Berechne a mit Hilfe des Satzes des Pythagoras.

c) Die Seite c ist die Hypotenuse des Dreiecks, die Seite b die Ankathete des Winkels α. Welche Winkelfunktion drückt dies aus? Berechne α.

d) Berechne auf die gleiche Weise β. Überlege zunächst, welche Kathete b zu β ist, Ankathete oder Gegenkathete?

Bemerkung: Es ist nicht unbedingt notwendig, in Aufgabe **8** b) den Satz des Pythagoras zu benutzen. Auch die Seite a läßt sich mit Hilfe der Winkelfunktionen berechnen. Falls dir also das Rechnen mit dem Pythagoras zu kompliziert erscheint (z. B. wegen der Wurzel), gibt es auch andere Wege.
Für die Benutzung des Pythagoras spricht jedoch unter anderem, daß du nur mit in der Aufgabe gegebenen Werten rechnest und eventuelle Folgefehler vermeiden kannst.

9

Von einem rechtwinkligen Dreieck ($\alpha = 90°$) sind die Seiten $a = 8{,}9$ cm und $b = 3{,}9$ cm gegeben. Berechne die übrigen Stücke.

- Skizze anfertigen und die gegebenen Stücke markieren
- die fehlende Seite berechnen (Satz des Pythagoras)
- zu jedem der fehlenden Winkel die Winkelfunktion suchen, die durch ein Verhältnis der gegebenen Seiten beschrieben wird
- Winkel berechnen

10

Berechne entsprechend die fehlenden Stücke des rechtwinkligen Dreiecks ($\beta = 90°$) mit $a = 9$ cm und $b = 41$ cm.

11

Das rechtwinklige Dreieck besitzt die Seiten $a = 5{,}1$ cm und $b = 6{,}8$ cm. Zu berechnen sind c, α und β.

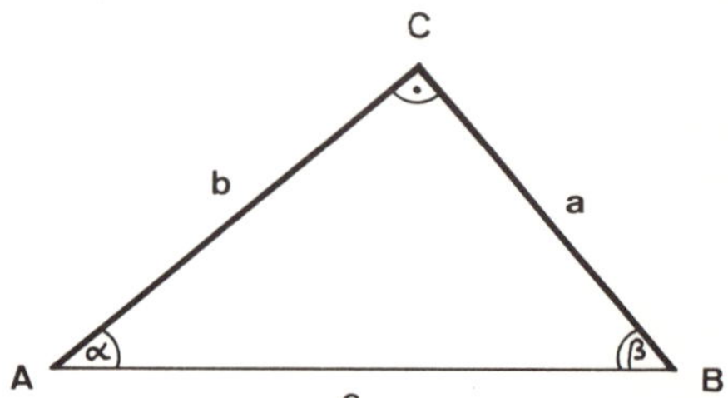

a) Überlege, wie viele Seiten und wie viele Winkel gegeben sind.

b) Berechne c. (Satz des Pythagoras)

c) Wir wollen nun zunächst den Winkel α berechnen. Suche eine Winkelfunktion, die das Verhältnis der Seiten a und b beschreibt. Berechne daraus α.

d) Verfahre genauso bei der Berechnung von β. Benutze wieder nur die gegebenen Seiten a und b.

12

Berechne die fehlenden Stücke des rechtwinkligen Dreiecks (rechter Winkel α) mit $b = 3$ cm und $c = 7{,}2$ cm.

- Skizze anfertigen und die gegebenen Stücke kennzeichnen
- die fehlende Seite berechnen (Satz des Pythagoras)
- zu jedem der gesuchten Winkel eine Winkelfunktion finden, die ein Verhältnis der gegebenen Seiten beschreibt
- Winkel berechnen

Wir wollen uns die behandelten Aufgabentypen noch einmal im Überblick anschauen:
Aus der Kongruenzlehre weißt du, daß man Dreiecke nur konstruieren kann, wenn mindestens drei Stücke gegeben sind, von denen höchstens zwei Winkel sein dürfen. Entsprechendes gilt auch für das Berechnen.
Bei den von uns in diesem Kapitel untersuchten **rechtwinkligen** Dreiecken ist von vornherein schon ein Winkel, nämlich der rechte, bekannt. Die anderen beiden Stücke, die wir benötigen, können Seiten oder Winkel sein. Wären beides Winkel, so ließe sich die Aufgabe nicht lösen, denn drei Winkel legen ein Dreieck nicht eindeutig fest.
Es bleiben folglich die beiden Möglichkeiten:

	1 Winkel und 1 Seite		**2 Seiten**	
Da eine Seite im rechtwinkligen Dreieck Hypotenuse oder Kathete sein kann, ergeben sich die Fälle:	1 Winkel und die Hypotenuse Aufg. 1 - 4	1 Winkel und eine Kathete 5 - 7	Hypotenuse und eine Kathete 8 - 10	2 Katheten 11 - 12
<u>Lösungsweg:</u>	- dritten Winkel berechnen (Winkelsumme) - Seiten berechnen (Winkelfunktionen)		- dritte Seite berechnen (Pythagoras) - Winkel berechnen (Winkelfunktionen)	

13

Berechne die fehlenden Stücke der rechtwinkligen Dreiecke. Mache jeweils vorher eine Skizze.

a) $a = 5{,}3$ cm, $b = 4{,}5$ cm, $\alpha = 90°$ **b)** $c = 6{,}3$ cm, $\beta = 90°$, $\gamma = 75{,}8°$

c) $b = 48$ cm, $c = 64$ cm, $\alpha = 90°$ **d)** $b = 4{,}1$ cm, $\alpha = 12{,}7°$, $\beta = 90°$

2. Berechnung anderer Flächen

1

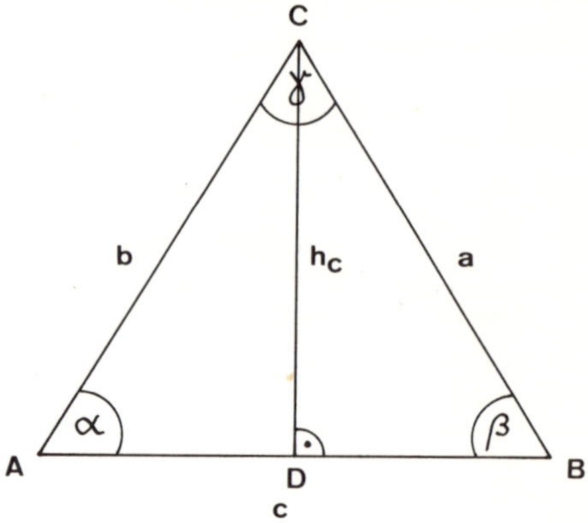

Von dem gleichschenkligen Dreieck sind nur $b = 9{,}7\,\text{cm}$ und $\gamma = 84°$ gegeben.
Zu berechnen sind alle übrigen Stücke und der Flächeninhalt.

a) Berechne α. Bedenke dabei, daß α und β gleich groß sind.

b) Die rechtwinkligen Teildreiecke $\triangle ADC$ und $\triangle DBC$ sind kongruent.
Wir können uns daher auf die Betrachtung von $\triangle ADC$ beschränken. Überlege, welche Seite darin Hypotenuse, Gegenkathete oder Ankathete ist, und drücke sie mit Hilfe von Winkelfunktionen aus.

c) Berechne den Flächeninhalt.

2

Im gleichschenkligen Dreieck von Aufgabe 1 kennt man $c = 80\,\text{cm}$ und $\beta = 37°$.

a) Skizziere das Dreieck und markiere darin die gegebenen Stücke.

b) Berechne alle übrigen Stücke und den Flächeninhalt. Untersuche dazu die rechtwinkligen Teildreiecke.

3

Berechne die fehlenden Stücke in einem gleichschenkligen Dreieck mit $b = c = 26\,\text{cm}$ und $\gamma = 23°$.

4

Gegeben ist eine Raute mit $\alpha = 118°$ und $a = 6{,}8\,\text{cm}$.

a) Wie lang sind die anderen Seiten?

b) Berechne die übrigen Winkel. Überlege dazu, welche Winkel gleich groß sind.

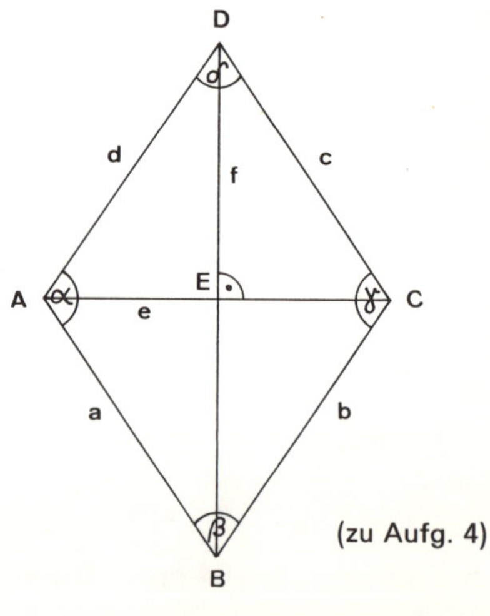

(zu Aufg. 4)

c) Berechne die Längen der Diagonalen mit Hilfe eines rechtwinkligen Teildreiecks. Benutze die geeigneten Winkelfunktionen.

d) Berechne den Flächeninhalt.

5

Gegeben ist eine Raute durch $a = 8{,}5$ cm und $e = 2{,}6$ cm. Berechne die zweite Diagonale und die Winkel.

- Skizze anfertigen und gegebene Stücke markieren
- rechtwinkliges **Teildreieck** suchen
- Winkelfunktionen anwenden

6

Berechne Seiten und Winkel einer Raute mit $e = 18$ cm und $f = 80$ cm.

7

Das rechtwinklige Dreieck $\triangle ABC$ wird durch die Höhe h_c in zwei rechtwinklige Teildreiecke zerlegt. Es ist $b = 51$ cm und $\alpha = 62°$.

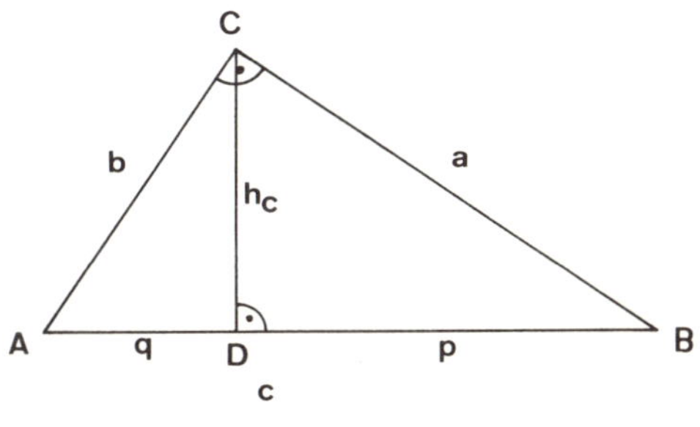

a) Berechne wie im vorigen Kapitel die fehlenden Stücke des Dreiecks $\triangle ABC$.

b) Berechne mit Hilfe des Teildreiecks $\triangle ADC$ die Höhe h_c und den Hypotenusenabschnitt q.

c) Wie groß ist p?

8

Berechne entsprechend die übrigen Stücke eines rechtwinkligen Dreiecks ($\gamma = 90°$) mit $b = 7{,}2$ cm und $c = 9{,}7$ cm.

9

Im Parallelogramm ist $a = 10$ cm, $d = 6{,}1$ cm und $\alpha = 80°$.

a) Berechne h_a mit Hilfe des rechtwinkligen Teildreiecks $\triangle AED$.

b) Wie groß ist der Flächeninhalt des Parallelogramms?

c) Wie groß ist der Umfang?

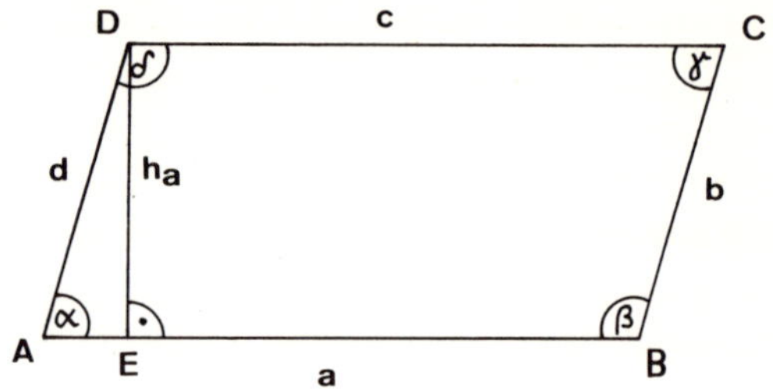

10

Gegeben sei ein Parallelogramm durch $a = 90$ cm, $h_a = 38$ cm und $\alpha = 55°$.

a) Fertige eine Skizze an und trage die gegebenen Stücke ein.

b) Berechne die übrigen Seiten und Winkel.

11

In dem Trapez sind bekannt: $a = 7{,}4$ cm, $d = 3{,}6$ cm, $\alpha = 60°$ und $\beta = 50°$.

a) Berechne h_a mit Hilfe eines geeigneten rechtwinkligen Teildreiecks.

b) Berechne b unter Verwendung von h_a und einem anderen rechtwinkligen Teildreieck.

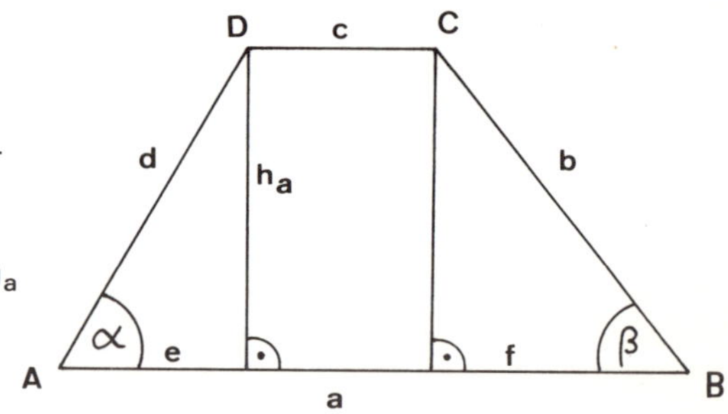

c) Ermittle mit Hilfe der beiden Teildreiecke die Abschnitte e und f und berechne damit c.

3. Aufgaben aus der Vermessung

Bei den folgenden Aufgaben kommt es darauf an, zu erkennen, wo ein für die Berechnung geeignetes rechtwinkliges Dreieck liegt. In dem rechtwinkligen Dreieck solltest du den rechten Winkel markieren und dir dann klarmachen, welche Strecken zu dem in der betreffenden Aufgabe gegebenen oder gesuchten Winkel Ankathete und Gegenkathete sind.

1

Unter welchem Winkel α fallen die Sonnenstrahlen ein, wenn eine $h = 24$ m hohe Tanne einen $s = 70$ m langen Schatten wirft?

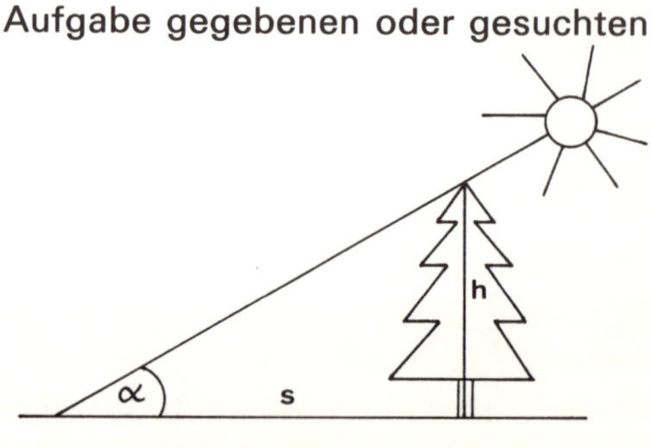

2

Ein Förster peilt zur Spitze einer Fichte einen Winkel von $\alpha = 28°$, wobei er 60 m vom Fuß des Baums entfernt steht. Berechne die Höhe der Fichte, wenn die Augenhöhe des Försters 1,70 m beträgt.

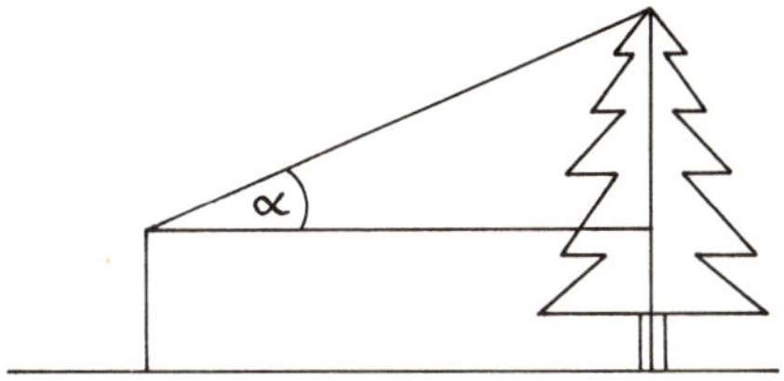

3

Wenn Oliver aus seinem Fenster schaut, sieht er den in 84 m Entfernung stehenden Schornstein einer Fabrik. Der Fuß des Schornsteins befindet sich unter einem Winkel von $\alpha = 9°$ zur Horizontalen, die Spitze über einem Winkel von $\beta = 36°$. Wie hoch ist der Schornstein?

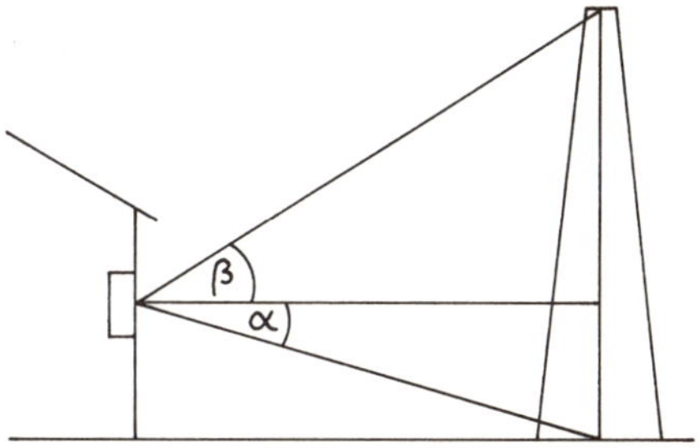

4

Auf dem Verkehrsschild wird die Steigung einer Straße mit 8% angegeben. Dies bedeutet, daß der Höhenunterschied auf 100 m in der Horizontalen 8 m beträgt. Zeichne das entsprechende Steigungsdreieck und berechne den Steigungswinkel.

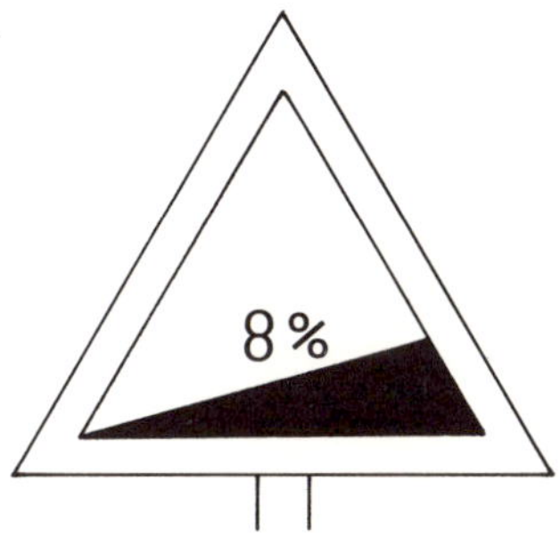

5

Um die Breite eines Flusses zu bestimmen, mißt man am diesseitigen Ufer die Standlinie $\overline{AB} = 60$ m ab. Der Punkt C, der A am anderen Flußufer genau gegenüberliegt, wird von B aus unter einem Winkel von $\beta = 46°$ angepeilt. Wie breit ist der Fluß?

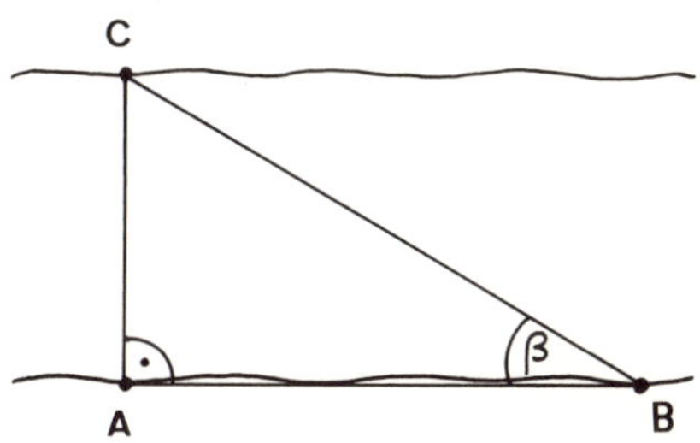

4. Berechnungen an Körpern

Auch bei diesen Aufgaben liegt die Schwierigkeit darin, geeignete rechtwinklige Dreiecke zu finden. Trage daher die gegebenen Stücke in die Zeichnung oder deine Skizze ein und suche zunächst nach rechten Winkeln. Das Einzeichnen von Hilfslinien hat nur dann einen Sinn, wenn dabei vorhandene rechte Winkel sichtbar werden.

1

Ein Quader habe die Kantenlängen $a = 30$ cm, $b = 40$ cm und $c = 20$ cm.

a) Wie groß ist der Winkel α, den die Diagonale d der Grundfläche mit den Kanten bildet?

b) Berechne den Winkel β, den die Raumdiagonale e mit d bildet.

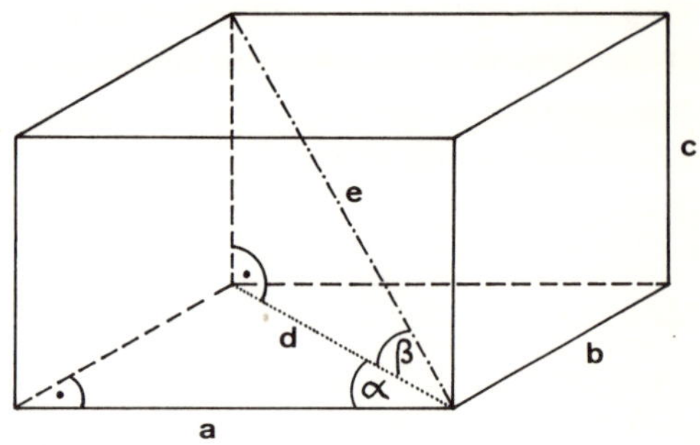

2

Der Giebel eines Hauses hat die in der Abbildung angegebenen Maße. Berechne damit den Neigungswinkel α des Daches.

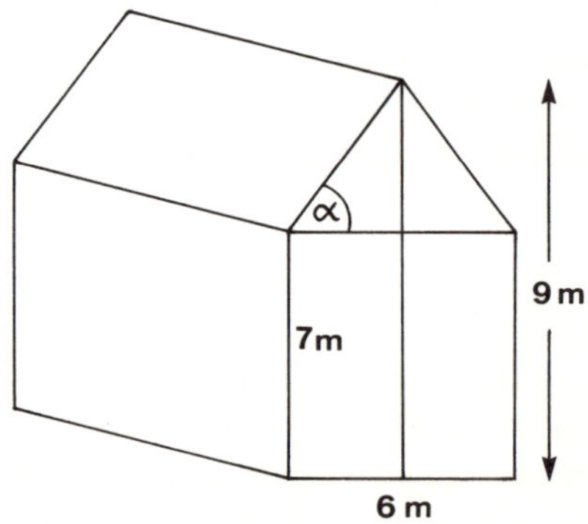

3

Von der quadratischen Pyramide kennt man $a = 6$ cm und $h = 5$ cm.

a) Berechne s und den Neigungswinkel α.

b) Berechne d, k und den Winkel β.

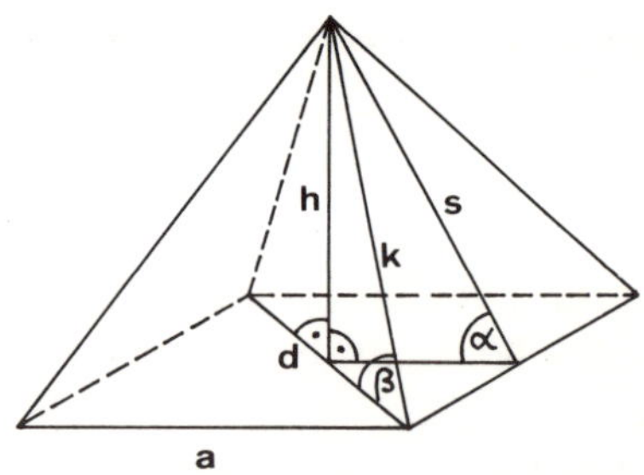

4

Das Dach eines Kirchturms habe die Form einer quadratischen Pyramide mit der Seitenlänge $a = 16$ m. Wie hoch ist das Dach, wenn sein Neigungswinkel $\alpha = 32°$ ist?
Fertige zunächst eine Skizze an.

5

Berechne den Winkel, den die Seite s und die Grundfläche eines Kegels einschließen. Dabei seien $s = 29$ cm und $h = 21$ cm.

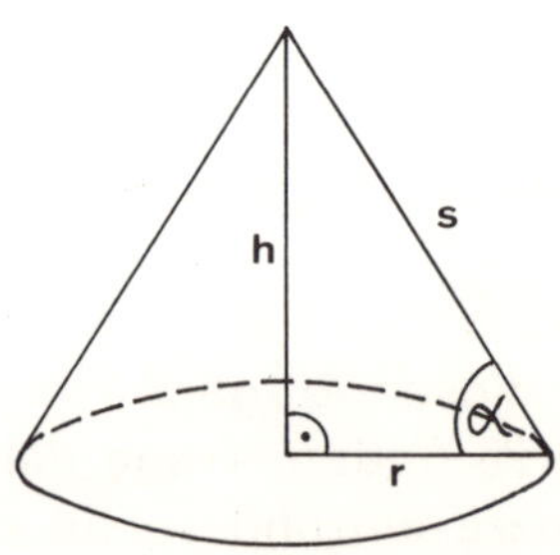

6

Wie groß ist der Öffnungswinkel γ des Sektglases? Das Glas hat den Durchmesser $d = 5{,}4$ cm, und es sei $h = 8{,}7$ cm.

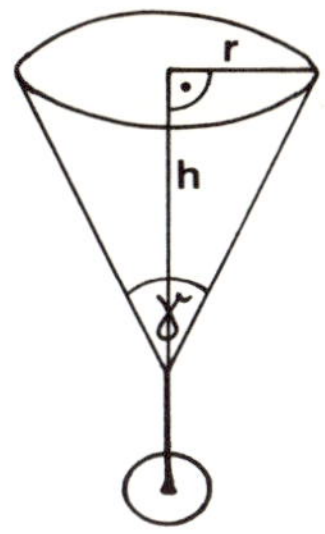

Test

1

Berechne die fehlenden Stücke an dem rechtwinkligen Dreieck ($\beta = 90°$). Benutze dabei nur die gegebenen Seiten bzw. Winkel.

a) $a = 2{,}6$ cm, $b = 8{,}4$ cm

b) $c = 53$ cm, $\alpha = 27°$

c) $a = 4{,}5$ cm, $c = 9$ cm

d) $b = 36$ cm, $\gamma = 32°$

2

Berechne die Längen der Diagonalen einer Raute mit $a = 4$ cm und $\alpha = 100°$.

3

Wenn die Sonnenstrahlen in einem Winkel von 31° einfallen, ist Stefans Schatten 2,90 m lang. Wie groß ist Stefan?

4

Wie groß ist der Neigungswinkel eines Schüttkegels mit dem Radius $r = 4$ cm und der Höhe $h = 5$ cm?

III. Die Graphen der Winkelfunktionen

1. Betrachtungen am Einheitskreis

In rechtwinkligen Dreiecken gibt es neben dem rechten Winkel nur noch zwei spitze Winkel, deren Summe zusammen 90° ergibt. Wenn wir nun den Begriff der Winkelfunktionen auch auf größere Winkel als 90° ausdehnen wollen, so ist dies anhand rechtwinkliger Dreiecke nicht möglich. Wir führen deshalb alle weiteren Untersuchungen am Einheitskreis durch.

1

Zeichne einen Einheitskreis mit $r = 1$ dm in ein Koordinatensystem. Trage den Winkel $\alpha = 40°$ ein.

a) Welche Koordinaten x und y hat der Punkt P? Gib sie als Winkelfunktionswerte an.

b) Gib auch die Näherungswerte seiner Koordinaten an, die du in deiner Zeichnung abmessen kannst.

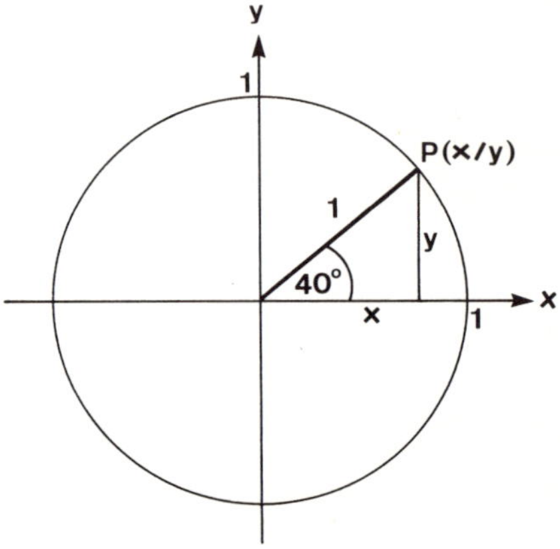

2

Der Winkel α sei jetzt 140° groß. Miß in deiner Zeichnung die Koordinaten des Punktes P ab. Vergleiche sie mit denen von Aufgabe **1**. Worin besteht der einzige Unterschied?

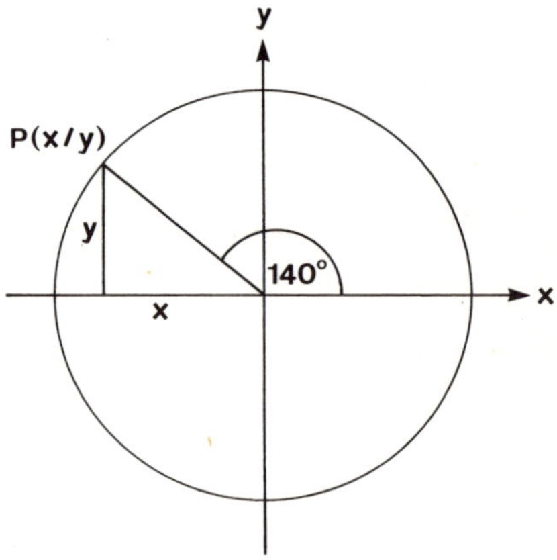

Aufgabe **1** und **2** zeigen, daß es sinnvoll ist, auch für Winkel, die größer als 90° sind, festzusetzen:

Die Koordinaten eines Punktes P(x|y) auf dem Einheitskreis lassen sich in Abhängigkeit von dem Winkel α angegeben als $x = \cos\alpha$ und $y = \sin\alpha$.

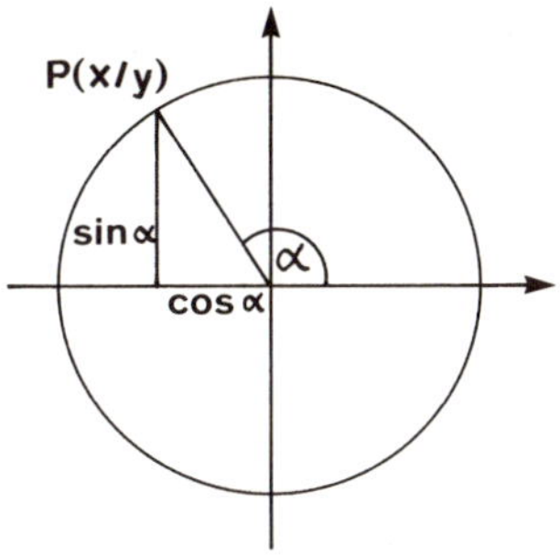

3

Zeichne ebenso wie in den Abbildungen in den Einheitskreis nacheinander die Winkel $\alpha = 50°, 130°, 230°, 310°$ ein.

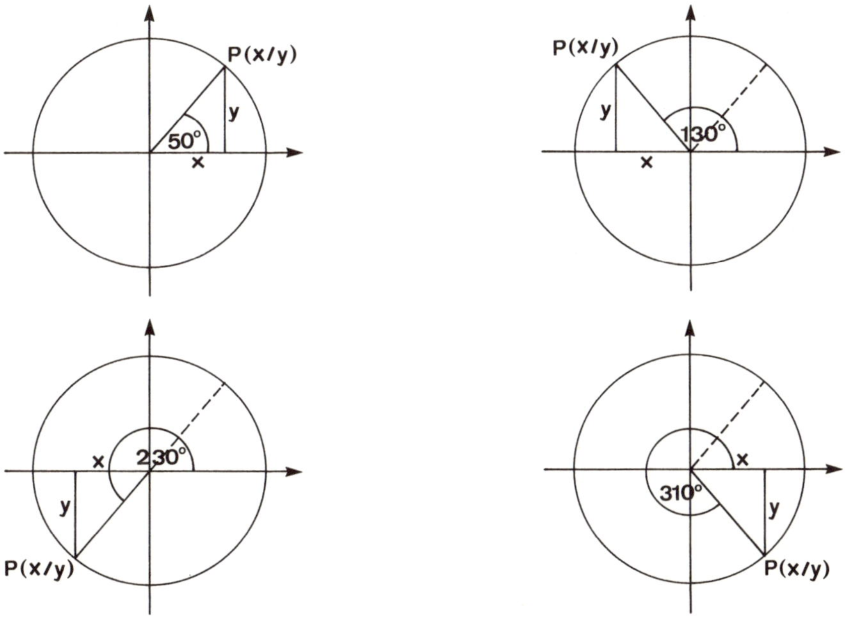

a) Bestimme durch Messen die einzelnen Sinus- bzw. Kosinuswerte der angegebenen Winkel.

b) Vergleiche die gemessenen Werte und stelle Übereinstimmungen fest. Notiere sie in der Form

$\sin 50° = \sin 130°$ $\qquad$ $\sin 230° = \sin$ _____

$\cos 50° = \cos$ _____ $\qquad$ $\cos 130° = \cos$ _____ .

c) Alle ermittelten Sinuswerte bzw. Kosinuswerte unterscheiden sich höchstens durch das Vorzeichen, sind aber vom Betrag her gleich groß. Stelle die Vorzeichen in der folgenden Tabelle zusammen:

α	50°	130°	230°	310°
Quadrant	1.	2.		
$\sin\alpha$	+			
$\cos\alpha$	+			

Wir haben eben festgestellt, daß es jeweils zwei Winkel gibt, deren Sinuswerte gleich sind, und daß es darüber hinaus noch zwei Winkel gibt, die vom Betrag her die gleichen Sinuswerte besitzen. Entsprechendes läßt sich auch über die jeweiligen Kosinuswerte feststellen.
Daß dies für alle Winkel gilt und wie die Zusammenhänge genau sind, wollen wir anhand der nächsten Aufgabe herausarbeiten.

4

a) Der Punkt P(x|y) sei an der y-Achse gespiegelt. Der Bildpunkt ist P′(x′|y′).
Bestätige, daß gilt $x' = -x$
und $y' = y$.
Bei der Betrachtung der auftretenden Winkel stellen wir fest, daß gilt:
$\cos 130° = -\cos 50° = -\cos(180° - 130°)$
$\sin 130° = \sin 50° = \sin(180° - 130°)$.

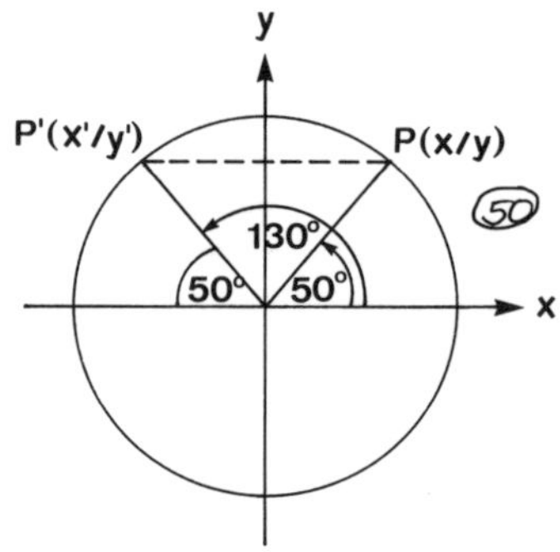

Für Winkel α mit $90° \leq \alpha \leq 180°$ gilt:

$\sin\alpha = \sin(180° - \alpha)$ und $\cos\alpha = -\cos(180° - \alpha)$

b) Der Punkt P(x|y) sei nun am Ursprung gespiegelt. Für die Koordinaten des Bildpunkts P′(x′|y′) gilt:

$x' = -x$ und $y' = -y$.

Vervollständige die Beziehungen
$\cos 230° = -\cos 50° = -\cos(230° - 180°)$

$\sin 230° =$ ________ = ________________.

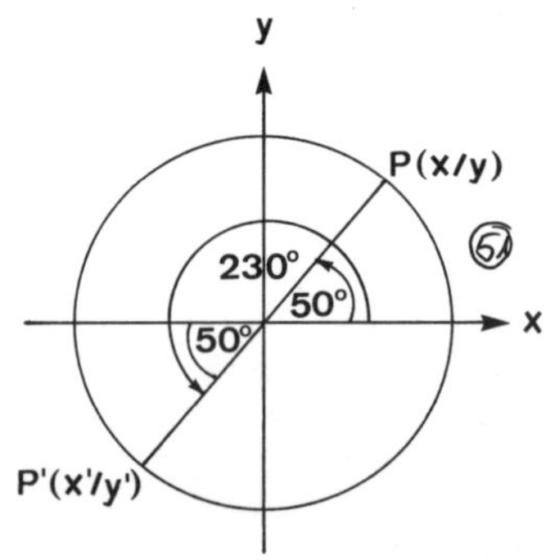

Für Winkel α mit $180° \leq \alpha \leq 270°$ gilt:

$\sin\alpha = -\sin(\alpha - 180°)$ und $\cos\alpha = -\cos(\alpha - 180°)$

c) Der Punkt P(x|y) werde an der x-Achse gespiegelt. Gib die Koordinaten des Bildpunkts P′(x′|y′) an:

x′ = ____, y′ = ____.

Vervollständige:
$\cos 310° = \cos 50° = \cos(360° - 310°)$

$\sin 310°$ = ______________________.

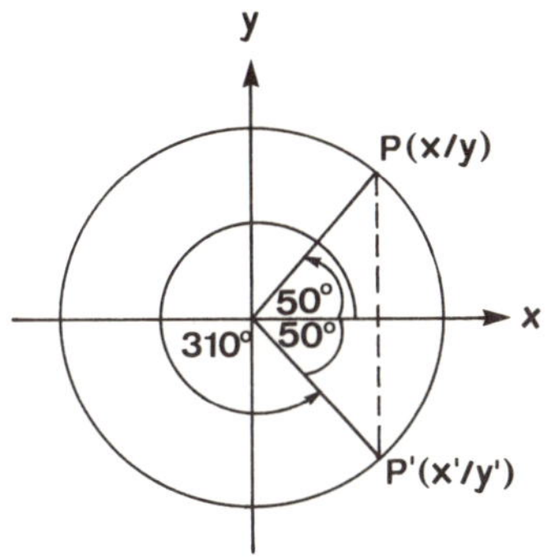

Für Winkel α mit $270° \leq \alpha \leq 360°$ gilt:

$\sin\alpha = -\sin(360° - \alpha)$ und $\cos\alpha = \cos(360° - \alpha)$

5

Die in Aufgabe 4 hergeleiteten Zusammenhänge erlauben es, Sinus- und Kosinuswerte stumpfer und überstumpfer Winkel ($90° < \alpha < 360°$) dadurch zu bestimmen, daß man sie auf spitze Winkel ($0° < \alpha < 90°$) zurückführt. Welche der betreffenden Formeln zu benutzen ist, kann man sich auch anhand einer Zeichnung klarmachen.

Beispiele: $\sin 159°$
$= \sin(180° - 21°)$
$= \sin 21°$
$\approx 0{,}3584$

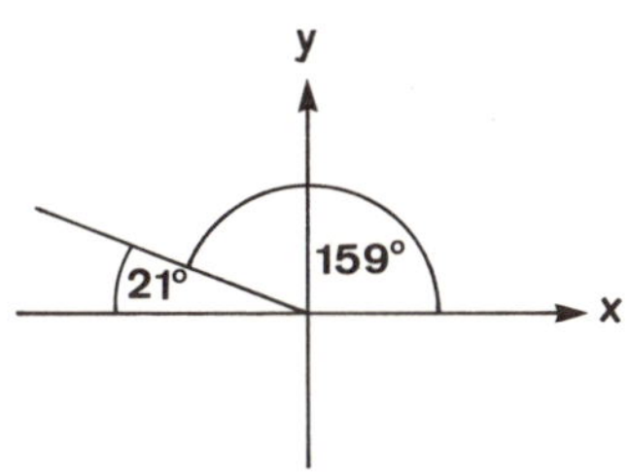

$\cos 216°$
$= -\cos(216° - 180°)$
$= -\cos 36°$
$\approx -0{,}8090$

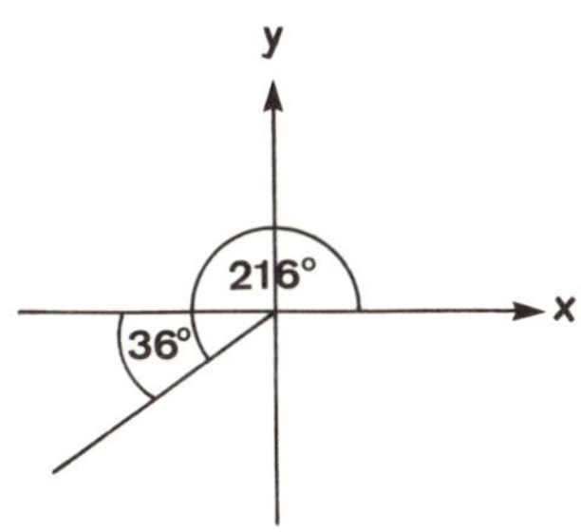

Mache dir anhand einer Zeichnung klar, welcher spitze Winkel denselben Sinus- bzw. Kosinuswert besitzt und bestimme den Wert.

a) $\sin 246°$ **b)** $\cos 165°$ **c)** $\cos 250°$ **d)** $\sin 150°$

6

Bestimme ebenso:

a) $\sin 315°$ **b)** $\cos 100°$ **c)** $\cos 296°$ **d)** $\sin 111°$

e) $\cos 136{,}2°$ **f)** $\sin 203{,}8°$ **g)** $\cos 324{,}1°$ **h)** $\sin 279{,}5°$

Dein Taschenrechner führt solche Überlegungen automatisch aus.
Überprüfe dein Ergebnis jeweils durch direkte Eingabe des gegebenen Winkels in den Taschenrechner.

7

Da es jeweils zwei Winkel gibt, deren Sinus- bzw. Kosinuswerte gleich sind, erhält man auch umgekehrt bei der Angabe eines Sinus- und Kosinuswertes zwei Winkel zwischen 0° und 360°.

Beispiele: 1. $\sin\alpha = 0{,}5299$
Wir erhalten zunächst mit Hilfe des Taschenrechners: $\alpha \approx 32°$
(Eingabe: 0.5299 [INV] [sin]; Anzeige: 31.998699)
Den zweiten Winkel können wir nun berechnen:
Wir überlegen zunächst, daß das Vorzeichen des Sinus positiv ist und daher der gesuchte Winkel nur im Bereich zwischen 90° und 180° liegen kann (vgl. Vorzeichentabelle nach Aufgabe [3]). Wir verwenden eine geeignete Formel und erhalten:
$\sin 32° = \sin(180° - 148°) = \sin 148°$, also $\alpha = 148°$.

2. $\cos\alpha = -0{,}7431$
Der Taschenrechner liefert: $\alpha \approx 138°$.
(Eingabe: 0.7431 [+/−] [INV] [cos]; Anzeige: 137.99616)
Berechnung des zweiten Winkels:
Wegen des negativen Vorzeichens kommt nur noch ein Winkel zwischen 180° und 270° in Frage. Wir rechnen mit Hilfe der Formeln:
$\cos 138° = \cos(360° - 138°) = \cos 222°$, also $\alpha = 222°$.

Bestimme ebenso die beiden Winkel zu

a) den Sinuswerten 0,9063; 0,4226; 0,1908; 0,8829; 0,6820; 0,5; 0,866; 0,757

b) den Kosinuswerten 0,2250; 0,6018; −0,9703; −0,7660; 0,5878; −0,5; 0,36; −0,454

2. Sinuskurve und Kosinuskurve

Nachdem wir Werte der Sinus- und Kosinusfunktion auch für Winkel zwischen 90° und 360° bestimmt haben, ist es nun an der Zeit, die Graphen der beiden Funktionen zu zeichnen. Dies läßt sich auch ohne Benutzung des Taschenrechners mit Hilfe des Einheitskreises bewerkstelligen.

1

Lege dein Heft quer und zeichne am linken Rand den Einheitskreis mit $r = 2{,}5$ cm. Zeichne daneben ein Koordinatensystem, dessen x-Achse von 0° bis 360° eingeteilt wird und dessen y-Achse von -1 bis $+1$ reicht. Trage die Winkel $\alpha = 0°$, 30°, 60°, 90°, ..., 360° in den Einheitskreis ein und stelle ihre Sinuswerte als Strecken dar. Übertrage diese Strecken durch Abgreifen mit dem Zirkel in das Koordinatensystem und zeichne dann den Funktionsgraphen der Sinusfunktion:

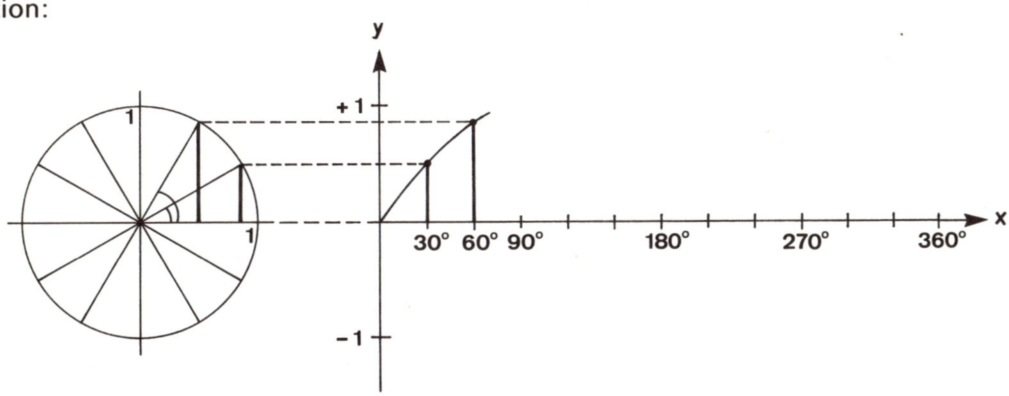

2

a) Gib die Winkelgrößen an, für die die Funktionswerte der Sinusfunktion gleich 0 sind.

b) Nenne die Winkel α mit $\sin\alpha = 1$ bzw. $\sin\alpha = -1$.

c) Für welche Winkel sind die Funktionswerte negativ? In welchen Quadranten liegen diese Winkel?

3

Zeichne auf dieselbe Weise den Graphen der Kosinusfunktion. Gehe dabei wiederum vom Einheitskreis aus und übertrage die zu den Kosinuswerten gehörenden Streckenlängen in das Koordinatensystem.
Welche Winkel besitzen die Kosinuswerte 0, 1 oder -1?

Wir haben bisher die Sinus- bzw. Kosinuskurve für Winkel zwischen 0° und 360° gezeichnet. Sie lassen sich aber auch auf größere Winkel fortsetzen.

4

Bestimme $\sin 410°$ mit Hilfe des Taschenrechners. Welcher Winkel zwischen 0° und 90° besitzt denselben Sinuswert?

> Für Winkel α mit $360° \leq \alpha \leq 720°$ gilt:
>
> $\sin\alpha = \sin(\alpha - 360°)$ und $\cos\alpha = \cos(\alpha - 360°)$

5

Gib die beiden Winkel zwischen 0° und 360° an, die denselben Winkelfunktionswert besitzen und berechne den Wert.

a) $\sin 500°$ **b)** $\cos 440°$ **c)** $\cos 600°$

d) $\sin 645{,}2°$ **e)** $\cos 519{,}7°$ **f)** $\sin 401{,}8°$

6

Skizziere den Graphen der Sinusfunktion im Bereich $0° \leq \alpha \leq 720°$. Verläuft der Graph im Bereich $360° \leq \alpha \leq 720°$ genauso wie zwischen 0° und 360°?

> Die Graphen der Sinus- und der Kosinusfunktion sind **periodisch.** Ihre **Periodenlänge** beträgt 360°, d. h. nach 360° wiederholen sich die Funktionswerte in derselben Reihenfolge.

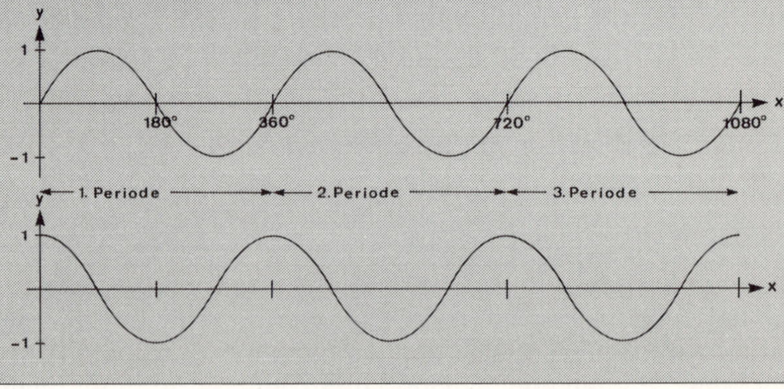

Beim Vergleich der Graphen von Sinus- und Kosinusfunktion fällt auf, daß ihre Funktionswerte immer zwischen +1 und −1 liegen, die Graphen also immer zwischen diesen Schranken hin und her schwingen.

7

Berechne mit dem Taschenrechner die Werte $\sin 110°$ und $\cos 20°$, $\sin 111°$ und $\cos 21°$ und $\sin 112°$ und $\cos 22°$ und vergleiche sie.
Überprüfe, ob gilt: $\sin(\alpha - 90°) = \cos\alpha$.

Offensichtlich besitzt die Kosinusfunktion die gleichen Funktionswerte wie die Sinusfunktion. Sie treten lediglich an anderen Stellen auf.
Die Funktionsgraphen sind daher ähnlich, und man erhält den einen, indem man den anderen entlang der x-Achse des Koordinatensystems verschiebt.

8

Um wieviel Grad muß man den Graphen der Kosinusfunktion entlang der x-Achse verschieben, um den Graphen der Sinusfunktion zu erhalten?

Allgemein können wir diese Verschiebung auch so ausdrücken:

$$\cos(\alpha + 90°) = \sin\alpha \quad \text{oder} \quad \sin(\alpha - 90°) = \cos\alpha$$

Anschaulich bedeutet das:

$\cos \xrightarrow[+90°]{} \sin$

Kosinuskurve um 90° nach rechts verschoben ergibt die Sinuskurve

$\cos \xleftarrow[-90°]{} \sin$

Sinuskurve um 90° nach links verschoben ergibt die Kosinuskurve

3. Die Winkelfunktionen im Bogenmaß

Du hast sicherlich schon beim Thema „Kreisberechnungen" das **Bogenmaß von Winkeln** kennengelernt.

1

Zeichne den Winkel $\alpha = 40°$ und schlage um seinen Scheitelpunkt einen Kreisbogen b mit r = 5 cm.
Die Länge des Bogens b ist bestimmt

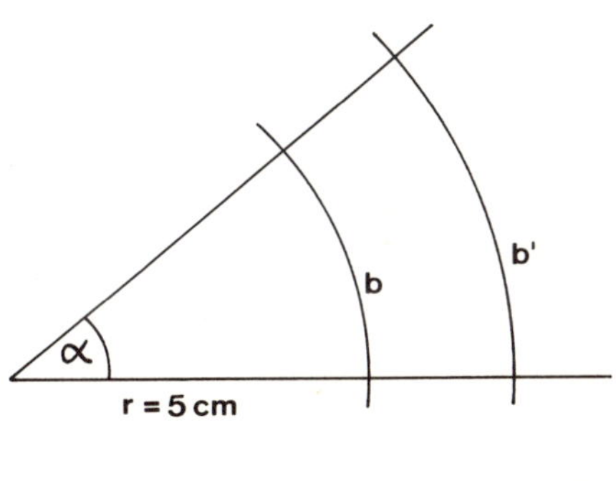

durch den Winkel α und den Radius r und berechnet sich aus der Formel

$$b = \frac{\alpha}{180°} \cdot \pi \cdot r.$$

a) Berechne b.

b) Zeichne mit $r' = 6$ cm den Bogen b' und berechne seine Länge.

c) Bestimme die Verhältnisse $\frac{b}{r}$ und $\frac{b'}{r'}$ und vergleiche sie.

Das Verhältnis $\frac{b}{r}$ zwischen Bogenlänge b und Radius r eines Winkels α heißt das **Bogenmaß des Winkels α.**

Durch das Bogenmaß wird der Winkel α eindeutig festgelegt. Die Umrechnung vom Gradmaß ins Bogenmaß geschieht durch

$$x = \frac{\alpha}{180°} \cdot \pi.$$

Beispiel: $\alpha = 120°$ soll im Bogenmaß angegeben werden.
Wir rechnen

$$x = \frac{120°}{180°} \cdot \pi = \frac{2}{3}\pi \approx 2{,}0943951 \approx 2{,}1 \text{ (gerundet).}$$

Man gibt das Bogenmaß entweder in Bruchteilen von π an oder rechnet den Wert aus.

2

Gib die folgenden Winkel im Bogenmaß an:
30°, 45°, 60°, 90°, 135°, 180°, 210°, 225°, 270°, 300°, 360°

3

Natürlich kann man auch Winkel, die im Bogenmaß angegeben sind, ins Gradmaß übertragen. Löst man nämlich die Formel

$x = \frac{\alpha}{180°} \cdot \pi$ nach α auf, so erhält man $\alpha = \frac{x}{\pi} \cdot 180°$.

Beispiel: Welcher Winkel α gehört zum Bogenmaß $x = \frac{4\pi}{9}$?

$$x = \frac{4\pi}{9}; \quad \alpha = \frac{\frac{4\pi}{9}}{\pi} \cdot 180° = \frac{4\pi \cdot 180°}{9\pi} = 80°$$

Übertrage ins Gradmaß:

$\frac{\pi}{12}$, $\frac{5\pi}{6}$, $\frac{8\pi}{15}$, $\frac{11\pi}{9}$, $1{,}5\pi$, 2, 2,6, 4,25

4

Dein Taschenrechner ist auch in der Lage, Winkel zu verarbeiten, die im Bogenmaß angegeben werden.
Stelle deinen Taschenrechner zunächst mit Hilfe der entsprechenden Taste oder eines Schalters auf RAD um.

Beispiel: Wir wollen berechnen: $\sin\frac{3}{8}\pi$.

Eingabe: 3 [÷] 8 [*] π [=] [sin]

Anzeige des Taschenrechners: 0.9238795

Ergebnis (gerundet): $\sin\frac{3}{8}\pi \approx 0{,}9239$.

Berechne entsprechend:

a) $\sin 1{,}2\pi$ **b)** $\cos\frac{1}{2}\pi$ **c)** $\cos 2$ **d)** $\sin 3{,}6$

e) $\cos\sqrt{2}$ **f)** $\sin\pi$ **g)** $\cos 2\pi$ **h)** $\sin\frac{7}{12}\pi$

5

Berechne jeweils zwei Winkel x sowohl im Bogenmaß als auch im Gradmaß, für die gilt:

a) $\cos x = 0{,}7071$ **b)** $\sin x = 0{,}5$ **c)** $\sin x = 0{,}3420$

d) $\cos x = -0{,}8660$ **e)** $\cos x = 0{,}5$ **f)** $\sin x = 0{,}9659$

6

a) Übertrage die Wertetabelle in dein Heft und vervollständige sie, indem du die fehlenden Werte mit dem Taschenrechner ermittelst.

x	$\frac{\pi}{4}$	$\frac{\pi}{2}$	$\frac{3\pi}{4}$	π	$\frac{5\pi}{4}$	$\frac{3\pi}{2}$	$\frac{7\pi}{4}$	2π
sin x								

b) Zeichne die Sinuskurve für $0 \leq x \leq 2\pi$. (Wähle als Einheit 2 cm!)

c) Für welche x-Werte ist sin x gleich 0, 1 oder -1?

7

Zeichne ebenso den Graphen der Kosinusfunktion. Lege auch hier zunächst eine Wertetabelle an.
An welchen Stellen hat die Kosinusfunktion die Werte 0, 1 oder -1?

8

Wie lang ist eine Periode der Sinus- bzw. Kosinusfunktion im Bogenmaß? Um wie viele Einheiten muß man die Kosinuskurve nach rechts verschieben, um die Sinuskurve zu erhalten?

9

Alle 360° oder immer nach 2π Einheiten tauchen bei der Sinus- bzw. Kosinus-Funktion dieselben Funktionswerte auf.

Beispiel: $\sin 30° = \sin 390° = \sin 750° = \ldots = 0{,}5$
oder $\cos \pi = \cos 3\pi = \cos 5\pi = \ldots = -1$

Wir können deshalb schreiben:

$\sin(x + k \cdot 2\pi) = \sin x$ und $\cos(x + k \cdot 2\pi) = \cos x$ mit $k \in \mathbb{Z}$
oder
$\sin(\alpha + k \cdot 360°) = \sin \alpha$ und $\cos(\alpha + k \cdot 360°) = \cos \alpha$ mit $k \in \mathbb{Z}$

Gib vier Winkel im Gradmaß und im Bogenmaß an, für die gilt:

a) $\sin x = \frac{1}{2}\sqrt{2}$

b) $\cos x = \frac{1}{2}\sqrt{3}$

4. Die Tangens- und Kotangensfunktion

Um die Graphen der Tangens- und der Kotangensfunktion zeichnen zu können, wäre es möglich, wie vorher erprobt, die Größen der Funktionswerte am Einheitskreis zu ermitteln und ins Koordinatensystem zu übertragen. Wir wollen hier jedoch zunächst einige Vorüberlegungen anstellen und dann die Graphen mit Hilfe von Wertetabellen zeichnen.

1

a) Du hast am Anfang dieses Trainingsbuches die Definitionen der Winkelfunktionen am rechtwinkligen Dreieck kennengelernt, z. B.

$\sin\alpha = \frac{\text{Gegenkathete}}{\text{Hypotenuse}}$.

Schreibe die entsprechenden Definitionen für $\cos\alpha$ und $\tan\alpha$ auf.

b) Beweise mit Hilfe der Definitionen:

$$\tan\alpha = \frac{\sin\alpha}{\cos\alpha} \quad \text{für } \cos\alpha \neq 0$$

$$\cot\alpha = \frac{\cos\alpha}{\sin\alpha} \quad \text{für } \sin\alpha \neq 0$$

c) Begründe anhand der Definitionen oder mit Hilfe von b), daß ebenso gilt:

$$\tan\alpha = \frac{1}{\cot\alpha} \quad \text{für } \cot\alpha \neq 0$$

2

Da sich Tangens- und Kotangenswerte also als Quotienten aus den betreffenden Sinus- und Kosinuswerten schreiben lassen, können wir insbesondere ihre Vorzeichen leicht ermitteln. Fülle dazu die Tabelle aus.

Quadrant	1.	2.	3.	4.
Winkel im Gradmaß	$0 < \alpha < 90°$	$90° < \alpha < 180°$		
im Bogenmaß	$0 < x < \frac{\pi}{2}$			
Sinus	+			
Kosinus	+			
Tangens	+			
Kotangens				

3

Berechne mit dem Taschenrechner die folgenden Funktionswerte der Tangensfunktion. Rechne zunächst im Gradmaß und überprüfe dein Ergebnis dann durch Rechnen im Bogenmaß.

Beispiel: $\alpha = 30$: Taschenrechner auf Gradmaß (DEG) einstellen!
Eingabe: 30 [tan]
Anzeige: 0.5773503
Ergebnis: $\tan 30° \approx 0{,}5774$ (gerundet)

Probe: $x = \frac{\pi}{6}$: Taschenrechner auf Bogenmaß (RAD) umstellen!
Eingabe: π [÷] 6 [=] [tan]
Anzeige: 0.5773503

Fülle die Tabelle aus:

Gradmaß	0°	30°	60°	90°	120°	150°	...	360°
Bogenmaß	0	$\frac{\pi}{6}$					...	
$\tan\alpha$				×			...	

4

Zeichne anhand der Wertetabelle den Graphen der Tangensfunktion. Berechne zusätzlich noch die Tangenswerte für die Winkel 80°, 100°, 260° und 350°. Weshalb kann man den Graphen für die Winkel 90° und 270° nicht zeichnen?

5

Zeichne ebenso den Graphen der Kotangensfunktion. Lege dazu ebenfalls eine Wertetabelle an und benutze zur Berechnung Gradmaß und Bogenmaß.

6

Du siehst hier noch einmal die Graphen der Tangens- und der Kotangensfunktion.

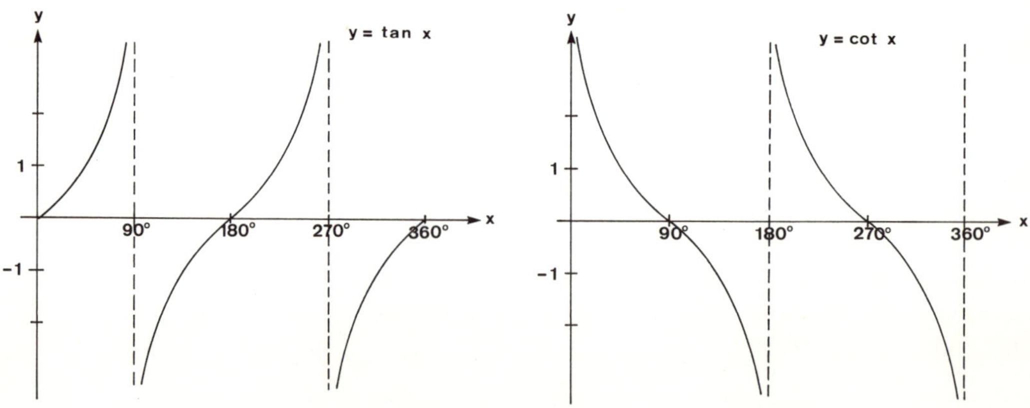

a) Nach wieviel Grad wiederholen sich die Funktionswerte in derselben Reihenfolge? Wieviel Grad beträgt also jeweils die Länge der Periode?

b) Wie lang ist die Periode im Bogenmaß?

> Die Tangens- und die Kotangensfunktion sind **periodisch.**
> Die Länge ihrer Periode beträgt 180° im Gradmaß und π Einheiten im Bogenmaß.

7

a) Bestätige anhand der Tangenswerte und der Kotangenswerte für $\frac{\pi}{4}$, $\frac{5\pi}{4}$ und $\frac{9\pi}{4}$, daß gilt:

> $\tan(x+k\cdot\pi)=\tan x$ und $\cot(x+k\cdot\pi)=\cot x$ für $k\in\mathbb{Z}$, $x \neq \frac{\pi}{2}, \frac{3\pi}{2}$

b) Gib jeweils die folgenden beiden Bogenmaßzahlen an, bei denen der Tangens denselben Wert besitzt wie bei
$\frac{\pi}{2}$, $\frac{3\pi}{4}$, $\frac{5}{7}\pi$ oder $\frac{1}{8}\pi$.

8

Bestätige, daß ebenfalls gilt:

> $\tan(\alpha+k\cdot 180°)=\tan\alpha$ und $\cot(\alpha+k\cdot 180°)=\cot\alpha$ für $k\in\mathbb{Z}$, $\alpha\neq 90°, 270°$

a) Berechne und vergleiche die Tangenswerte der Winkel 36°, 216° und 396°.

b) Welche beiden Winkel besitzen dieselben Tangenswerte wie
110°, 85,6°, $20\frac{1}{2}$° oder 75°?

Vergleicht man nun die Perioden der Sinus- und Kosinusfunktion mit denen der Tangens- und Kotangensfunktion, so läßt sich sagen:

MERKE! Die Perioden der Sinus- und Kosinusfunktion sind doppelt so lang (2π oder $360°$) wie die der Tangens- und Kotangensfunktion (π oder $180°$).

9

a) Für welchen Winkel zwischen $0°$ und $180°$ ist $\tan\alpha = 1{,}6$? Rechne mit dem Taschenrechner wie in Kapitel I.3.

b) Gib drei weitere Winkel an, für die $\tan\alpha = 1{,}6$ gilt.

10

Gib jeweils drei Winkel im Gradmaß und im Bogenmaß an, für die gilt:

a) $\tan\alpha = -3{,}487$ **b)** $\cot\alpha = 0{,}36$ **c)** $\cot\alpha = -1$

d) $\tan\alpha = 13$ **e)** $\cot\alpha = 5$ **f)** $\tan\alpha = -\frac{1}{2}$

11

Man kann die Tangens- und Kotangenswerte größerer Winkel dadurch bestimmen, daß man die Winkel auf den entsprechenden Winkel zwischen $0°$ und $180°$ bzw. 0 und π zurückführt.

Beispiel: $\tan 495° = \tan(495° - 2\cdot 180°) = \tan 135° = -1$

$\cot\frac{7}{2}\pi = \cot\left(\frac{7}{2}\pi - 3\pi\right) = \cot\frac{1}{2}\pi = 0$

Berechne ebenso:

a) $\tan\frac{10}{3}\pi$ **b)** $\cot 600°$ **c)** $\tan 585°$ **d)** $\cot 4{,}75\pi$

Test

1

Zeichne im Einheitskreis ($r=1$ dm) den Winkel $\alpha=65°$.

a) Bestimme durch Ablesen $\sin 65°$ und $\cos 65°$.

b) Von welchen weiteren Winkeln unterscheiden sich die Sinus- bzw. Kosinuswerte von denen in a) ermittelten nur durch das Vorzeichen? Gib die betreffenden Winkel zwischen 0° und 360° an.

c) Gib die in b) ermittelten Winkel im Bogenmaß zwischen 0 und 2π an.

2

Berechne diejenigen Winkel im Bogenmaß, für die gilt:

a) $\sin x=0{,}9444$ **b)** $\cos x=0{,}309$ **c)** $\tan x=2$ **d)** $\cot x=0{,}62$

Wie lauten die Winkel im Gradmaß?

3

Welche der folgenden Sätze sind richtig?

a) Alle vier Winkelfunktionen sind periodisch mit der Periodenlänge π.

b) Verschiebt man die Sinuskurve um 270° nach rechts, so erhält man die Kosinuskurve.

c) Man kann die Kotangenskurve nicht durch Verschieben der Tangenskurve erhalten.

d) Die Tangensfunktion hat 1 als größten und -1 als kleinsten Funktionswert.

4

Es ist $\sin 30° = \frac{1}{2}$, $\sin 60° = \frac{1}{2}\sqrt{3}$, $\tan\frac{\pi}{6} = \frac{1}{3}\sqrt{3}$ und $\tan\frac{5\pi}{6} = -\frac{1}{3}\sqrt{3}$.
Berechne ohne Benutzung des Taschenrechners:

a) $\sin 750°$ **b)** $\sin 480°$ **c)** $\tan\frac{13\pi}{6}$ **d)** $\tan 3{,}8\overline{3}\pi$

IV. Sinussatz und Kosinussatz und deren Anwendungen

1. Der Sinussatz

Bisher konnten wir fehlende Seiten oder Winkel nur an rechtwinkligen Dreiecken berechnen. Der Sinussatz und der Kosinussatz erlauben es, Beziehungen zwischen den Seiten und Winkeln **beliebiger** Dreiecke herzustellen.

1

Konstruiere ein Dreieck aus $a=3$ cm, $b=6$ cm und $\beta=70°$.

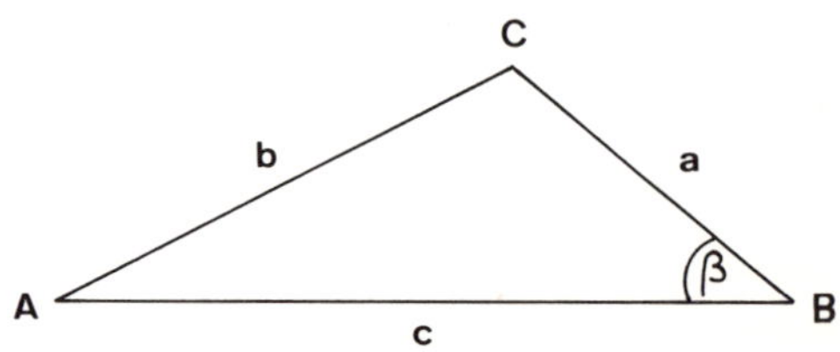

a) Miß den Winkel α.

b) Es gilt das Seitenverhältnis $\frac{a}{b}=\frac{3\text{ cm}}{6\text{ cm}}=\frac{1}{2}$.
Gilt dasselbe auch für das Winkelverhältnis $\frac{\alpha}{\beta}$?

c) Berechne mit dem Taschenrechner $\sin\alpha$, $\sin\beta$ und deren Verhältnis. Was stellst du fest?

Aufgabe **1** legt die Vermutung nahe, daß das Verhältnis der Längen zweier Dreiecksseiten gleich dem Verhältnis der Sinuswerte der gegenüberliegenden Winkel ist. Wir wollen im folgenden sehen, ob dies auch allgemein gültig ist.

2

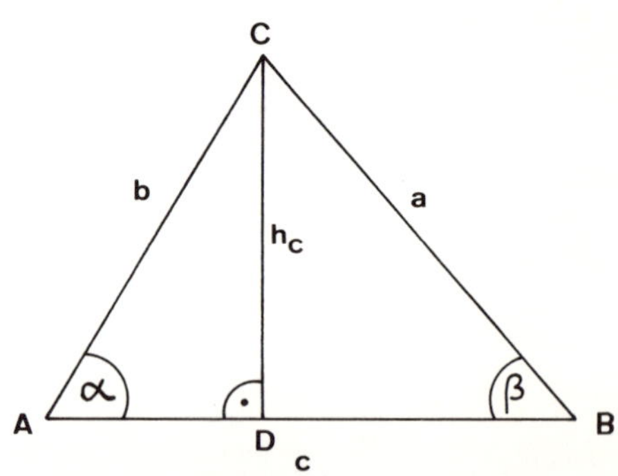

a) Zeichne ein Dreieck aus $a=5$ cm, $b=4$ cm und $\alpha=60°$.

b) Durch Einzeichnen der Höhe h_c wird das Dreieck in zwei rechtwinklige Teildreiecke zerlegt. Wir bezeichnen den Höhenfußpunkt mit D.

c) Im rechtwinkligen Dreieck $\triangle ADC$ gilt:
$\sin\alpha=\frac{h_c}{b}$, also $h_c=b\cdot\sin\alpha$.

Finde die entsprechende Gleichung für $\sin\beta$ im Dreieck $\triangle DBC$.

d) Setzt man nun die beiden für h_c gefundenen Gleichungen $h_c = b \cdot \sin\alpha$ und $h_c = a \cdot \sin\beta$ gleich, so ergibt sich

$a \cdot \sin\beta = b \cdot \sin\alpha$.

Da weder b noch $\sin\beta$ gleich Null sein können, dürfen wir durch sie dividieren und erhalten

$$\boxed{\frac{a}{b} = \frac{\sin\alpha}{\sin\beta}}$$

e) Berechne aus dieser Formel α und überprüfe dein Ergebnis, indem du den Winkel in deiner Zeichnung mißt.

3

Führe dieselben Überlegungen durch, wenn das Dreieck $\triangle ABC$ durch die Höhe h_b in die rechtwinkligen Teildreiecke $\triangle ABE$ und $\triangle EBC$ zerlegt wird. Leite so die Formel

$\frac{a}{c} = \frac{\sin\alpha}{\sin\gamma}$ her.

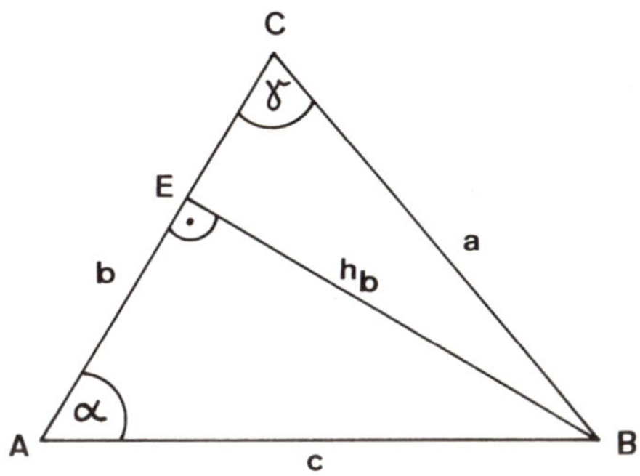

Um sicherzugehen, daß die oben gefundenen Beziehungen auch wirklich für alle Dreiecke gelten, wollen wir die entsprechenden Überlegungen am stumpfwinkligen Dreieck durchführen.

4

Die Höhe h_c des stumpfwinkligen Dreiecks $\triangle ABC$ ($\alpha > 90°$) liegt außerhalb des Dreiecks.

a) Bestätige, daß gilt $\sin\beta = \frac{h_c}{a}$.

b) Im Dreieck $\triangle DAC$ ist $\sin\alpha' = \frac{h_c}{b}$, also $h_c = b \cdot \sin\alpha'$.
Weiterhin gilt die Beziehung $\alpha' = 180° - \alpha$.
Nach einer in Kapitel III.1 hergeleiteten Formel ist nun $\sin\alpha' = \sin(180° - \alpha) = \sin\alpha$.

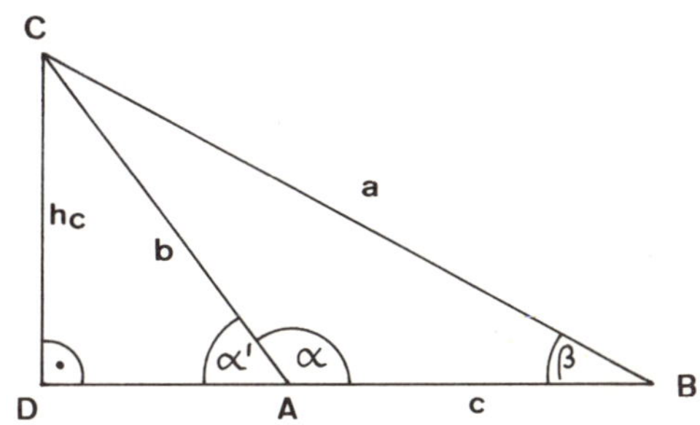

c) Zeige, daß sich aus den bisherigen Überlegungen wieder die gewünschte Formel herleiten läßt.

Wir fassen die Ergebnisse unserer Überlegungen zu einem Satz zusammen:

Sinussatz:
In jedem Dreieck mit den Seiten a, b und c und den Winkeln α, β und γ verhalten sich die Seiten wie die Sinuswerte der gegenüberliegenden Winkel. Es gilt also

$$\frac{a}{b}=\frac{\sin\alpha}{\sin\beta}; \quad \frac{b}{c}=\frac{\sin\beta}{\sin\gamma}; \quad \frac{a}{c}=\frac{\sin\alpha}{\sin\gamma}.$$

Wir wollen nun mit Hilfe des Sinussatzes fehlende Stücke eines Dreiecks berechnen.

5

In dem abgebildeten Dreieck kennt man $a = 7$ cm, $b = 5$ cm und $\alpha = 70°$. Zu berechnen sind c, β und γ.

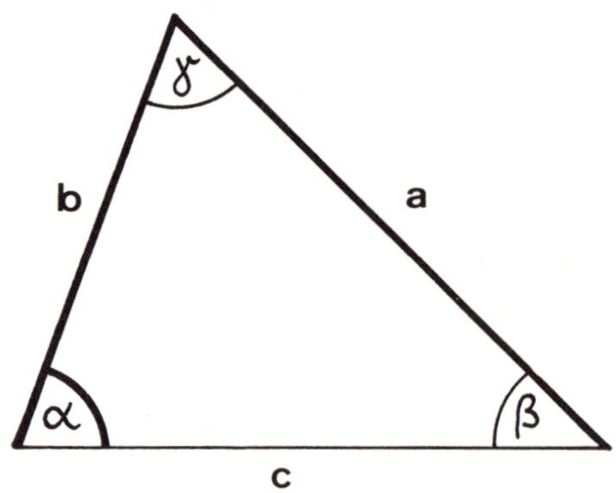

a) Welcher Winkel läßt sich aus den gegebenen Größen mit Hilfe des Sinussatzes zunächst berechnen? Forme den Sinussatz entsprechend um.

b) Bestätige, daß sich nach dem Einsetzen der gegebenen Größen ergibt: $\sin\beta \approx 0{,}6712$. Welche beiden Winkel zwischen 0° und 180° kommen hierfür in Frage?

c) Wir überprüfen nun, ob tatsächlich beide Möglichkeiten für β in unserem Dreieck sinnvoll sind. $\beta = 137{,}8°$ ergibt jedoch keinen Sinn, da hier $\alpha + \beta = 70° + 137{,}8° = 207{,}8° > 180°$ ist (Winkelsumme im Dreieck beträgt 180°).
Folglich kann nur $\beta = 42{,}2°$ verwendet werden.

d) Berechne γ über die Winkelsumme im Dreieck.

e) Mit Hilfe des Sinussatzes läßt sich nun auch c berechnen. Wähle eine geeignete Verhältnisgleichung aus, löse sie nach c auf und gib die Länge von c auf eine Stelle nach dem Komma gerundet an.

6

Berechne ebenso die fehlenden Stücke eines Dreiecks mit $a=4$ cm, $b=7$ cm und $\beta=34°$. Mache dazu vorher eine Skizze und trage die gegebenen Stücke ein.

7

Vom Dreieck $\triangle ABC$ kennt man $a=9$ cm, $b=6{,}8$ cm und $\beta=42°$.

a) Berechne über den Sinussatz $\sin\alpha$.

b) Welche beiden Winkel zwischen 0° und 180° erfüllen die Gleichung $\sin\alpha=0{,}8856$? Überprüfe mit Hilfe der Winkelsumme, ob beide Lösungen möglich sind.

c) Nach b) steht fest, daß die Aufgabe nicht eindeutig lösbar ist, sondern daß es zwei Dreiecke mit den gegebenen Größen gibt. Zur Begründung sei an die Kongruenzsätze erinnert. Danach läßt sich ein Dreieck aus zwei Seiten und einem Winkel nur dann eindeutig konstruieren, wenn der Winkel von den beiden Seiten **eingeschlossen** wird oder der **längeren** Seite gegenüberliegt. Im vorliegenden Fall liegt der Winkel jedoch gegenüber der kürzeren Seite.
Der Versuch der Konstruktion würde so aussehen:

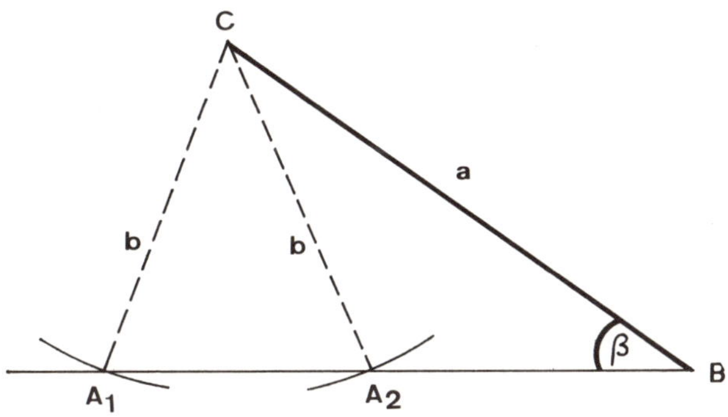

Berechne für beide möglichen Dreiecke γ und c.

8

Gegeben seien nun wiederum $a=9$ cm und $\beta=42°$, aber $b=5{,}8$ cm.

a) Berechne $\sin\alpha$.

b) Gibt es einen Winkel, der die Gleichung $\sin\alpha=1{,}0383$ erfüllt?

c) Es gibt also kein Dreieck, das sich aus den gegebenen Stücken berechnen oder zeichnen läßt. Die Begründung ist dieselbe wie bei Aufgabe **7**.

Die Konstruktion
sähe so aus:

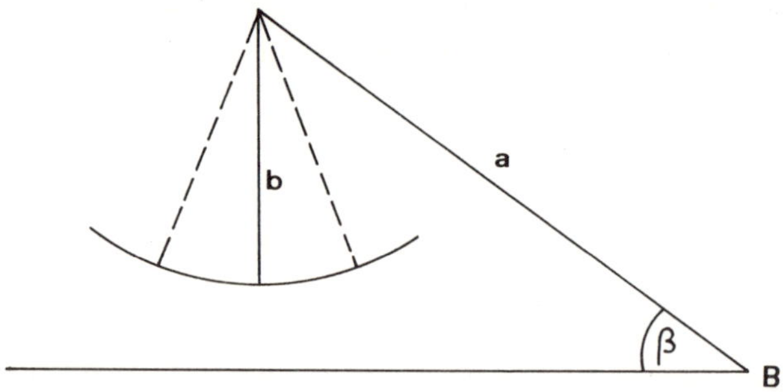

MERKE! Sollen in einer Aufgabe die fehlenden Stücke eines Dreiecks berechnet werden, von dem man zwei Seiten und den der **kürzeren** Seite gegenüberliegenden Winkel kennt, so kann es zwei derartige Dreiecke geben oder keins.
Es ist auch möglich, daß es genau ein derartiges Dreieck gibt. Dieses Dreieck ist dann aber rechtwinklig!

9

Berechne die fehlenden Winkel und Seiten der Dreiecke. Fertige eine Skizze an und überlege, ob der gegebene Winkel der längeren oder kürzeren Seite gegenüberliegt.

a) $a = 23$ cm, $c = 30$ cm, $\gamma = 70°$ **b)** $b = 3{,}6$ m, $c = 2{,}7$ m, $\beta = 59°$

c) $a = 440$ cm, $b = 283$ cm, $\beta = 82°$ **d)** $b = 8$ dm, $c = 11$ dm, $\beta = 35°$

10

Von einem Dreieck sind die Winkel $\alpha = 52°$ und $\beta = 71°$ sowie die Seite $a = 4{,}7$ cm bekannt.

a) Berechne die Seite b mit dem Sinussatz.

b) Berechne den Winkel γ über die Winkelsumme.

c) Nun läßt sich auch die Seite c mit Hilfe des Sinussatzes berechnen. Wie groß ist sie?

11

Berechne ebenso die fehlenden Stücke der Dreiecke:

a) $b=45$ m, $\alpha=67°$, $\beta=49°$

b) $c=6{,}8$ km, $\alpha=53°$, $\gamma=88°$

c) $b=27$ cm, $\alpha=36°$, $\beta=57°$

d) $c=212$ m, $\beta=95°$, $\gamma=24°$

12

Kannst du die fehlenden Größen der folgenden Dreiecke berechnen?

a) $a=5$ cm, $b=6$ cm, $\gamma=70°$

b) $a=12$ cm, $b=15$ cm, $c=20$ cm

Begründe jeweils, weshalb der Sinussatz zur Berechnung nicht angewendet werden kann.

MERKE! Kennt man von einem beliebigen Dreieck **zwei Winkel und eine Seite** oder **zwei Seiten und den Gegenwinkel der längeren Seite,** so lassen sich die übrigen Stücke mit Hilfe des Sinussatzes **eindeutig** berechnen.

2. Der Kosinussatz

Wie wir im letzten Kapitel gesehen haben, reicht der Sinussatz für die Berechnung **aller** Dreiecke nicht aus. Sind nämlich drei Seiten oder zwei Seiten und der eingeschlossene Winkel gegeben, so ist die Anwendung des Sinussatzes nicht möglich, da jeweils zumindest ein Gegenwinkel zu einer gegebenen Seite fehlt.
Diese Lücke wird nun geschlossen durch den Kosinussatz, den wir im folgenden herleiten wollen.

1

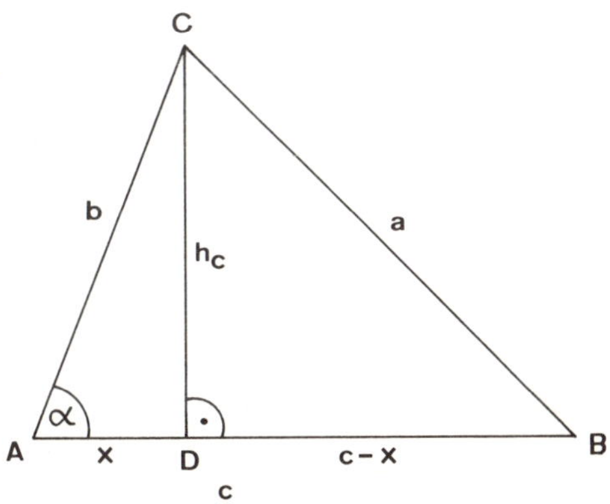

Das Dreieck $\triangle ABC$ wird durch die Höhe h_c in die rechtwinkligen Teildreiecke $\triangle ADC$ und $\triangle DBC$ zerlegt. Bezeichnen wir die Strecke $\overline{AD}$ mit x, so ist $\overline{DB}=c-x$.

a) Wie lautet der Satz des Pythagoras, angewendet auf die Teildreiecke $\triangle ADC$ bzw. $\triangle DBC$?

b) Löse die Gleichung $b^2 = h_c^2 + x^2$ nach h_c^2 auf und setze den für h_c^2 gefundenen Term in die Gleichung $a^2 = h_c^2 + (c - x)^2$ ein.

c) Bestätige, daß sich nach Auflösen der Klammer, Vereinfachen und Ordnen die Gleichung $a^2 = b^2 + c^2 - 2cx$ ergibt.

d) Drücke im rechtwinkligen Dreieck $\triangle ADC$ $\cos\alpha$ durch ein Seitenverhältnis aus. Löse die Beziehung nach x auf. Was kann man danach für x auch schreiben?

e) Setze den Term für x in die Gleichung von c) ein. Es ergibt sich die Beziehung:

$$a^2 = b^2 + c^2 - 2bc\cos\alpha$$

Damit läßt sich die Seite a aus den anderen beiden Seiten und dem von ihnen eingeschlossenen Winkel berechnen.

2

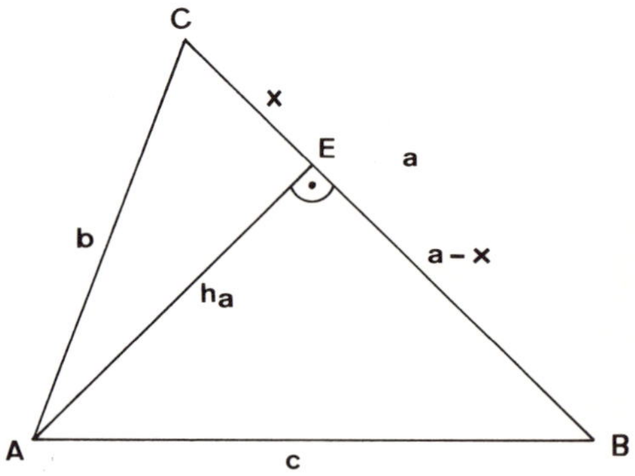

In das Dreieck $\triangle ABC$ ist nun die Höhe h_a eingezeichnet. Dadurch wird $\triangle ABC$ in die beiden rechtwinkligen Teildreiecke $\triangle ABE$ und $\triangle AEC$ und die Seite a in die Abschnitte $\overline{BE} = x$ und $\overline{EC} = a - x$ zerlegt.

a) Wende den Satz des Pythagoras auf die beiden Teildreiecke an.

b) Löse eine der erhaltenen Gleichungen nach h_a^2 auf und setze in die andere Gleichung ein.

c) Ersetze x durch einen Term mit $\cos\gamma$ und zeige, daß gilt:

$$c^2 = a^2 + b^2 - 2ab\cos\gamma$$

Auf entsprechende Weise erhält man die dritte Aussage des folgenden Satzes:

Kosinussatz: In jedem Dreieck $\triangle ABC$ gilt:

$$a^2 = b^2 + c^2 - 2bc\cos\alpha$$
$$b^2 = a^2 + c^2 - 2ac\cos\beta$$
$$c^2 = a^2 + b^2 - 2ab\cos\gamma$$

Bei der Herleitung des Kosinussatzes waren wir stillschweigend von spitzwinkligen Dreiecken ausgegangen. Die nächste Aufgabe soll jedoch veranschaulichen, daß der Kosinussatz natürlich ebenso für stumpfwinklige Dreiecke gilt.

3

Beim stumpfwinkligen Dreieck $\triangle ABC$ mit $\beta > 90°$ liegt die Höhe h_c außerhalb.

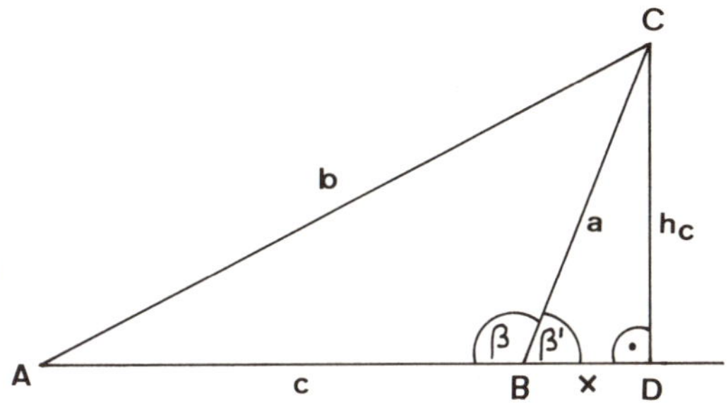

a) Wie lautet jeweils der Satz des Pythagoras für die Dreiecke $\triangle ADC$ und $\triangle BDC$?

b) Löse die Gleichung $a^2 = h_c^2 + x^2$ nach h_c^2 auf und setze in die Gleichung $b^2 = h_c^2 + (c+x)^2$ ein.

c) Zeige, daß im Dreieck $\triangle BDC$ gilt: $x = a \cdot \cos\beta'$

d) Es ergibt sich insgesamt: $b^2 = a^2 + c^2 + 2ac\cos\beta'$. Dabei ist $\beta' = 180° - \beta$. Aus Kapitel III.1 wissen wir, daß gilt $\cos\beta = -\cos(180° - \beta)$. Folglich erhalten wir auch hier die gewünschte Aussage $b^2 = a^2 + c^2 - 2ac\cos\beta$.

4

Gib für die beiden Teildreiecke des nebenstehenden Drachenvierecks jeweils alle drei Gleichungen des Kosinussatzes an.

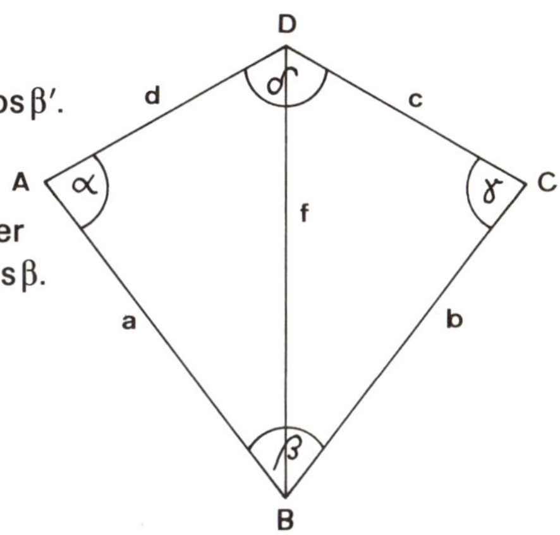

Wir wollen nun mit Hilfe des Kosinussatzes fehlende Stücke eines Dreiecks berechnen.

5

Gegeben sei ein Dreieck durch $a = 6$ cm, $b = 7$ cm und $\gamma = 70°$.
Welche Seite kannst du mit Hilfe des Kosinussatzes berechnen? Berechne sie.

6

Berechne, falls möglich, jeweils die fehlende Seite der folgenden Dreiecke mit Hilfe des Kosinussatzes. Lege vorher immer eine Skizze an!

a) $a = 3{,}4$ cm, $c = 5{,}2$ cm, $\beta = 47°$
b) $b = 57$ cm, $c = 82$ cm, $\alpha = 66°$
c) $a = 1{,}2$ m, $b = 3{,}5$ m, $\beta = 35°$
d) $a = 6{,}1$ cm, $c = 3{,}9$ cm, $\beta = 100°$

7

Von einem Dreieck kennt man die Längen aller drei Seiten, nämlich $a = 5$ cm, $b = 7$ cm und $c = 8{,}5$ cm.

a) Der Winkel α kommt in der Gleichung $a^2 = b^2 + c^2 - 2bc\cos\alpha$ des Kosinussatzes vor.
Bestätige, daß man sie umformen kann zu
$\cos\alpha = \dfrac{b^2 + c^2 - a^2}{2bc}$.

b) Berechne α. Überlege, ob es wie beim Sinussatz zwei Möglichkeiten für α gibt.

c) Berechne entsprechend β und γ.

Im Gegensatz zum Sinussatz liefert der Kosinussatz jeden Winkel zwischen 0° und 180° **eindeutig.**

8

Berechne ebenso die Winkel eines Dreiecks mit

a) $a = 33$ m, $b = 58$ m, $c = 26$ m

b) $a = 4{,}2$ cm, $b = 1{,}7$ cm, $c = 2{,}9$ cm

9

Trage die gegebenen Stücke der folgenden Dreiecke in jeweils eine Skizze ein. Warum lassen sich daraus mit Hilfe des Kosinussatzes **keine** weiteren Stücke berechnen?

a) $a = 23$ cm, $b = 17$ cm, $\alpha = 38°$

b) $b = 9$ cm, $\alpha = 41°$, $\beta = 29°$

Berechne die fehlenden Stücke auf die im vorigen Kapitel geübte Weise.

MERKE! Der Kosinussatz ist zur Berechnung fehlender Stücke eines Dreiecks **nur** dann verwendbar, wenn
alle drei Seiten oder
zwei Seiten und der eingeschlossene Winkel
gegeben sind.

10

In dem Dreieck ist $a = 20$ cm, $b = 14$ cm und $\gamma = 74°$.

a) Berechne c mit Hilfe der passenden Gleichung des Kosinussatzes.

b) Der Winkel α (oder β) läßt sich nun auf zwei verschiedene Arten berechnen, und zwar mit dem Kosinussatz oder mit dem Sinussatz. Berechne ihn auf **beide** Arten und überlege, welcher Weg dir leichter fällt.

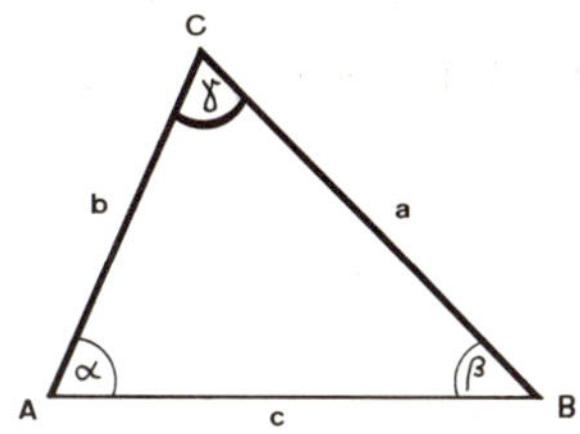

Achte bei der Verwendung des Sinussatzes darauf, daß zwei Winkel möglich sind, und entscheide dich mittels der Winkelsumme für den richtigen.

c) Berechne den noch fehlenden Winkel über die Winkelsumme.

11

Berechne entsprechend die fehlenden Stücke der folgenden Dreiecke. Fertige zunächst eine Skizze an, in der du die gegebenen Stücke kennzeichnest.

a) $b = 58$ m, $c = 46$ m, $\alpha = 42°$

b) $a = 9{,}2$ cm, $b = 4{,}1$ cm, $c = 7$ cm

c) $a = 11$ dm, $c = 14{,}5$ dm, $\beta = 121°$

d) $a = 17$ km, $b = 31$ km, $\gamma = 25°$

12

Gegeben ist $a = 8$ cm, $c = 5$ cm und $\beta = 90°$.

a) Suche die geeignete Gleichung des Kosinussatzes, mit der man b berechnen kann.

b) Berechne b. Was geschieht dabei mit dem Term $2ac\cos\beta$?

c) Welche Art von Dreieck liegt hier vor?

Der Kosinussatz gilt offenbar auch bei rechtwinkligen Dreiecken. Da aber $\cos 90° = 0$ ist, geht er in den Satz des Pythagoras über. Wir stellen fest:

Der Satz des Pythagoras ist eine spezielle Form des Kosinussatzes,
oder anders ausgedrückt,
der Kosinussatz ist eine verallgemeinerte Form des Satzes des Pythagoras.

3. Berechnung beliebiger Dreiecke

Wir haben in den vorangegangenen Kapiteln gesehen, daß der Sinussatz und der Kosinussatz Beziehungen zwischen den Seiten und Winkeln beliebiger Dreiecke herstellt und daher zur Berechnung dieser Dreiecke geeignet ist.
Weiter haben wir festgestellt, daß je nach Aufgabenstellung manchmal zunächst nur der Sinussatz oder nur der Kosinussatz benutzt werden kann.
Wann nun welcher Satz benutzt werden kann, hängt davon ab, welche Seiten oder Winkel gegeben sind, und ist der folgenden Übersicht zu entnehmen:

3 Seiten	2 Seiten, 1 Winkel			1 Seite, 2 Winkel
	eingeschlossener Winkel	Gegenwinkel der längeren Seite	Gegenwinkel der kürzeren Seite	
Kosinussatz	Kosinussatz	Sinussatz	Sinussatz	Sinussatz
eindeutig	eindeutig	eindeutig	eine, zwei oder keine Lösung	eindeutig

1

Gegeben ist $a = 3$ cm, $b = 3{,}8$ cm und $\gamma = 104°$.
Die übrigen Stücke des Dreiecks sind zu berechnen.

a) Skizziere das Dreieck und kennzeichne die gegebenen Stücke. Mit welchem Satz muß man demnach beginnen?

b) Berechne die Seite c.

c) Welcher Winkel läßt sich nun über den Sinussatz berechnen? Berechne ihn.

d) Berechne den noch fehlenden Winkel.

2

Ein Dreieck ist gegeben durch $b = 18{,}7$ cm, $\alpha = 63°$, $\beta = 41°$.

a) Trage in eine Skizze die gegebenen Stücke ein. Welcher Fall liegt vor?

b) Wie läßt sich γ am leichtesten berechnen? Berechne γ.

c) Welcher Satz ermöglicht die Berechnung von a und c? Berechne sie.

3

Gesucht sind die fehlenden Stücke des Dreiecks mit $b = 25{,}4$ cm, $c = 37{,}3$ cm und $\gamma = 74{,}9°$.

a) Fertige eine Skizze mit den gegebenen Stücken an.

b) Mit welchem Satz kannst du die Rechnung beginnen? Ermittle damit β. Beachte dabei, daß es zwei Winkel zwischen 0° und 180° gibt, die hier in Frage kommen könnten. Weshalb läßt sich der eine ausschließen?

c) Welches gesuchte Stück kannst du nun leicht berechnen? Wie groß ist es?

d) Berechne nun noch a. Welcher Satz ist dazu günstiger?

4

Berechne ein Dreieck aus $a = 23$ cm, $c = 36$ cm und $\alpha = 36{,}5°$.

a) Überlege anhand einer Skizze, welcher Fall hier vorliegt.

b) Mit welchem Satz läßt sich γ berechnen? Berechne damit γ.

c) Du hast in b) zwei Werte für γ erhalten. Begründe, daß beide Ergebnisse sinnvoll sind und zu zwei verschiedenen Lösungsdreiecken führen. Berechne zu jedem der Dreiecke β.

d) Berechne nun zu jedem der Dreiecke die Seite b. Welchen Satz benutzt du dazu?

5

Berechne die fehlenden Seiten und Winkel der folgenden Dreiecke.

- Skizze anfertigen und die gegebenen Stücke markieren
- Feststellen, welcher Fall vorliegt und entscheiden, ob zunächst der Sinussatz oder der Kosinussatz zu verwenden ist
- Fehlende Stücke berechnen (Bei der Verwendung des Sinussatzes berücksichtigen, daß es zwei geeignete Winkel geben kann.)

a) $b = 7$ m, $c = 10$ m, $\alpha = 73°$

b) $c = 83$ cm, $\beta = 22°$, $\gamma = 106°$

c) $a = 3{,}8$ dm, $b = 4{,}7$ dm, $c = 5$ dm

d) $a = 0{,}4$ m, $b = 0{,}9$ m, $\beta = 65°$

e) $a = 8{,}7$ km, $b = 5$ km, $\gamma = 95°$

f) $b = 12$ cm, $c = 17$ cm, $\beta = 82°$

g) $b = 65{,}3$ m, $\alpha = 46°$, $\gamma = 72°$

h) $a = 26$ dm, $c = 21$ dm, $\gamma = 34°$

6

Die Winkelhalbierende $w_\alpha = 4$ cm zerlegt das Dreieck $\triangle ABC$ in die beiden Teildreiecke $\triangle ABD$ und $\triangle ADC$. Außerdem sind $b = 5$ cm und $\gamma = 50°$ bekannt. Die übrigen Seiten und Winkel sind zu berechnen.

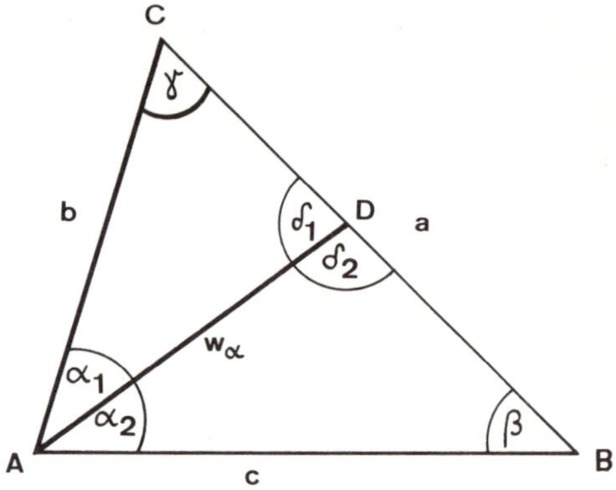

a) Überlege, mit welchem Satz sich im $\triangle ADC$ der Winkel δ_1 berechnen läßt. Berechne danach auch δ_2.

b) Wie groß sind nun α_1, α_2 und somit α?

c) Berechne β.

d) Du kannst jetzt die Seiten a und c berechnen. Wähle dazu den geeigneten Satz aus.

7

Berechne entsprechend die fehlenden Seiten und Winkel in dem Dreieck, das durch $c = 8$ cm, $w_\beta = 6$ cm und $\alpha = 48°$ gegeben ist.
Fertige zunächst eine Skizze an und überlege, von welchem Teildreieck du genügend Stücke kennst, um weitere berechnen zu können.

8

In dem Dreieck sei $a = 5{,}6$ cm, $b = 6{,}6$ cm und die Seitenhalbierende $s_b = 3{,}4$ cm. Die übrigen Seiten und Winkel sind zu berechnen.

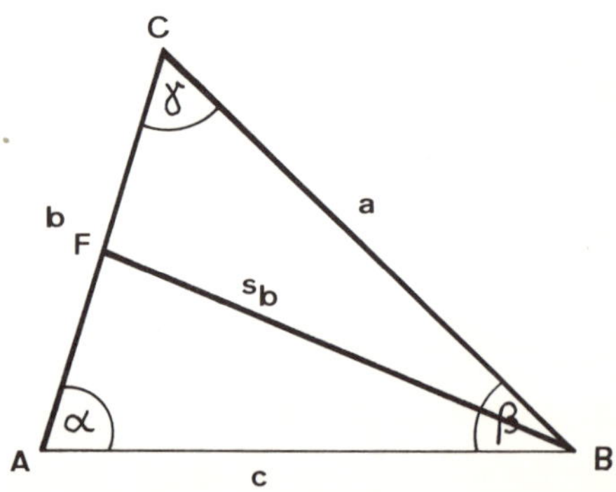

a) Kennst du alle Seiten des Teildreiecks $\triangle FBC$? Nenne sie.

b) Berechne damit den Winkel γ. Benutze den Kosinussatz.

c) Du kennst nun im Dreieck $\triangle ABC$ die Seiten a und b sowie den von ihnen eingeschlossenen Winkel γ. Wie kannst du nun c berechnen? Rechne!

d) Berechne α mit Hilfe des Sinussatzes und dann β.

9

Berechne die fehlenden Seiten und Winkel der folgenden Dreiecke.

- Skizze anfertigen und die gegebenen Stücke markieren
- Teildreieck suchen, von dem möglichst viele Stücke bekannt sind
- mit Hilfe des Teildreiecks gesuchte Stücke des Dreiecks berechnen; Sinus- oder Kosinussatz verwenden

a) $b=6$ cm, $c=8$ cm, $s_c=5$ cm

b) $a=73$ m, $w_\beta=57$ m, $\gamma=50°$

c) $a=17$ cm, $w_\gamma=16$ cm, $\beta=70°$

d) $a=3{,}2$ m, $c=1{,}8$ m, $s_a=2$ m

10

Gegeben sei ein Trapez mit $a=7$ cm, $e=8$ cm, $\alpha=82°$ und $\beta=70°$. Berechne die fehlenden Stücke.

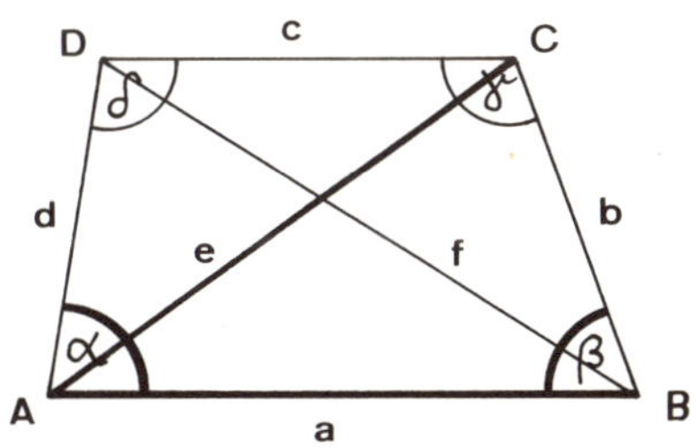

a) Im Teildreieck $\triangle ABC$ kennen wir zwei Seiten und einen Winkel. Berechne b über den Sinussatz, nachdem du zunächst γ_1 (Sinussatz) und dann α_1 (Winkelsumme) bestimmt hast.

b) Verlängert man die Seite b über den Punkt C hinaus, so läßt sich der Winkel β noch einmal einzeichnen. (Stufenwinkel)
Wie groß muß daher γ sein?

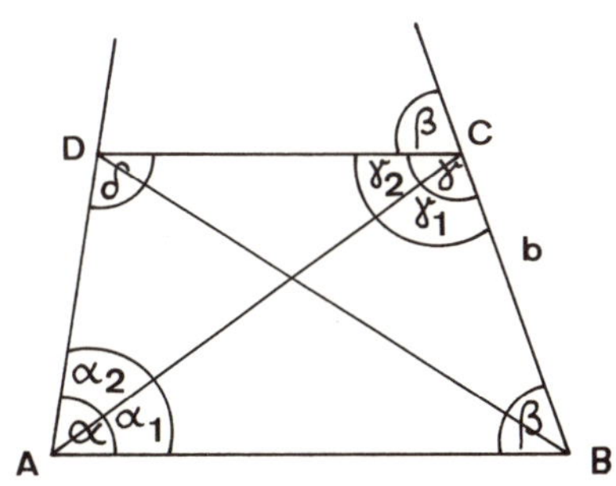

c) Berechne ebenso δ.

d) Berechne α_2. Welche Seite des Teildreiecks $\triangle ACD$ kannst du nun mit Hilfe des Sinusssatzes berechnen? Berechne sie.

e) Nachdem du γ_2 bestimmt hast, kannst du wählen, ob du d über den Kosinussatz oder den Sinussatz berechnen möchtest.

f) Zur Berechnung der Diagonalen f betrachten wir das Teildreieck △BCD. Berechne f mit dem Kosinussatz.

11

In dem Trapez kennt man die Längen aller Seiten, und zwar a = 10 cm, b = 6 cm, c = 7 cm und d = 4 cm.
Die Längen der Diagonalen und die Größen der Winkel sind zu berechnen.

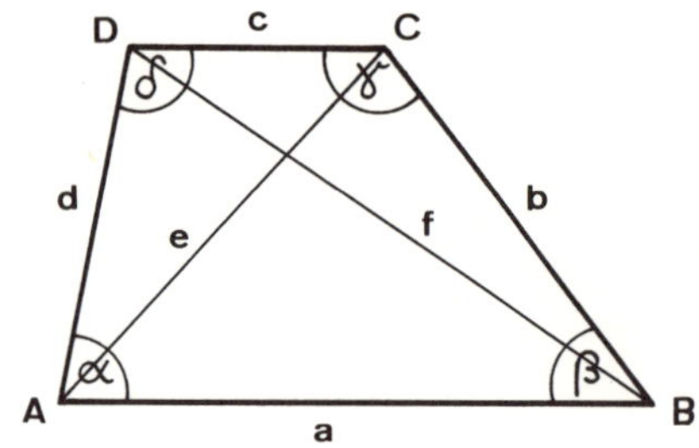

a) Zunächst stellt sich das Problem, daß wir kein Teildreieck finden können, von dem drei Stücke bekannt sind. Daher benötigen wir eine weitere Hilfslinie, und zwar zeichnen wir eine Parallele zu d durch C. Die Strecke $\overline{A'C}$ ist dann ebenfalls 5 cm lang.

b) Vom Dreieck △A'BC kennen wir nun alle Seitenlängen, denn es gilt $\overline{A'B} = a - c = 10 - 7 = 3$ cm.
Berechne β mit Hilfe des Kosinussatzes.

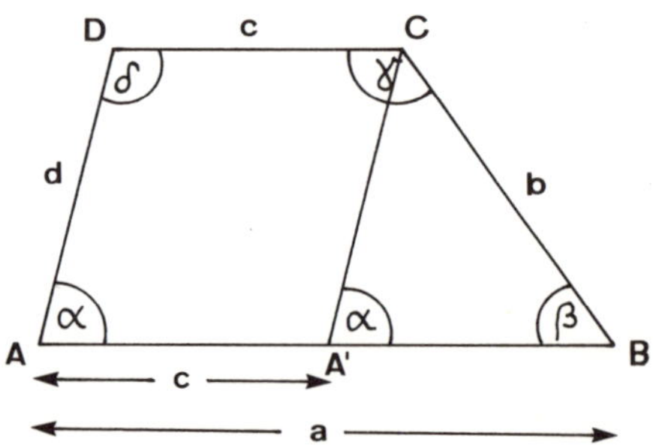

c) Berechne nun die übrigen Stücke wie in Aufgabe 10.

12

Berechne selbständig die fehlenden Seiten und Winkel der Trapeze:

a) a = 3 m, b = 4,5 m, c = 5,8 m, d = 3,9 m

b) c = 64 cm, f = 89 cm, $\gamma = 130°$, $\delta = 105°$

4. Vermischte Aufgaben

Bei diesen Aufgaben handelt es sich um Anwendungsaufgaben aus der Vermessung. Es werden sowohl ebene als auch räumliche Probleme behandelt.

1

Die Länge der unzugänglichen Strecke $\overline{PQ}$ soll folgendermaßen ermittelt werden:

Man mißt eine Standlinie ($s = 275$ m) ab und peilt von da aus P und Q an. Dabei seien $\alpha = 110°$, $\beta = 53°$, $\gamma = 46°$ und $\delta = 95°$.

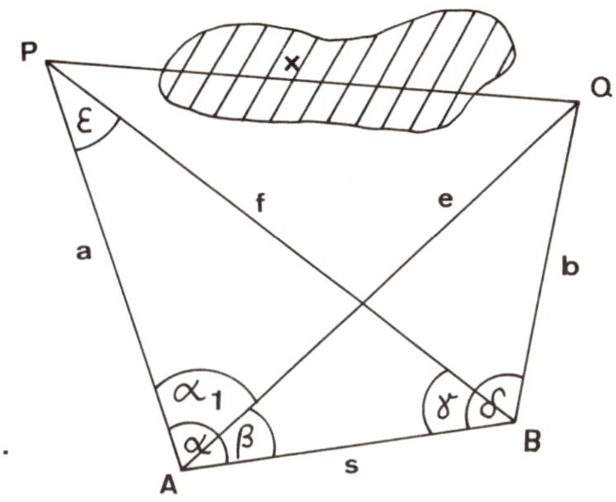

a) Berechne a mit dem Sinussatz im Dreieck $\triangle ABP$. Den fehlenden Winkel ε erhältst du über die Winkelsumme in diesem Dreieck.

b) Ermittle entsprechend e mit dem Sinussatz im Dreieck $\triangle ABQ$.

c) Nun kannst du x berechnen. Wende den Kosinussatz im Dreieck $\triangle AQP$ an. Bestimme vorher $\alpha_1 = \alpha - \beta$.

2

Die Länge von $\overline{PQ}$ läßt sich auch auf die folgende Art bestimmen:
Man mißt wiederum eine Standlinie $\overline{AB}$ (Länge 430 m) ab und mißt die folgenden Größen:
$\overline{PA} = a = 625$ m, $\overline{BQ} = b = 590$ m,
$\alpha = 108°$, $\beta = 124°$.

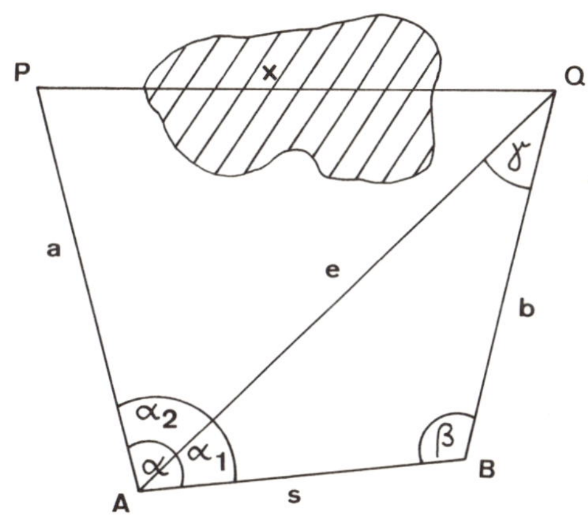

a) Berechne e im Dreieck $\triangle ABQ$.

b) Zur Bestimmung von x fehlt uns im Dreieck $\triangle AQP$ nur noch der Winkel α_2.
Berechne $\alpha_2 = \alpha - \alpha_1$, nachdem du α_1 im Dreieck $\triangle ABQ$ ermittelt hast.

c) Wie groß ist x?

3

Vom Punkt A aus gesehen erscheint die Spitze eines Turms unter dem Winkel $\alpha = 35°$. Geht man nun bis zum Punkt B, der 130 m näher am Turm liegt, so mißt man hier einen Winkel von $\beta = 49°$ bis zur Turmspitze. Wie hoch ist der Turm?

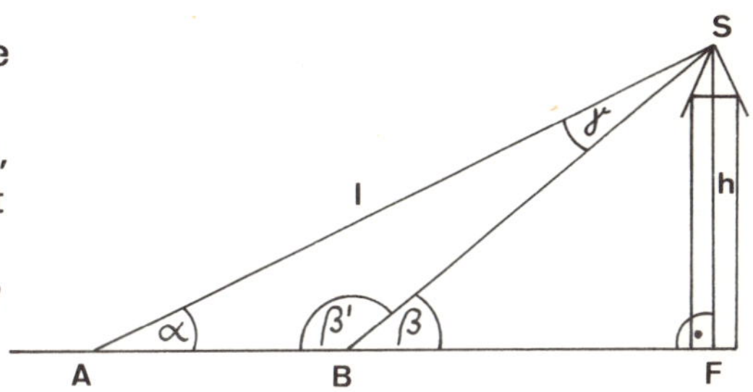

a) Berechne zunächst β' und γ.

b) Nach welchem Satz läßt sich nun *l* ermitteln? Rechne.

c) Berechne h im rechtwinkligen Dreieck △AFS.

4

Wir wollen die Höhe eines Turms mit einer anderen Methode bestimmen. Dazu sei $s = \overline{AB} = 210$ m eine horizontale Standlinie. Wir messen die Winkel $\alpha = 65°$, $\beta = 52°$ und $\gamma = 60°$.

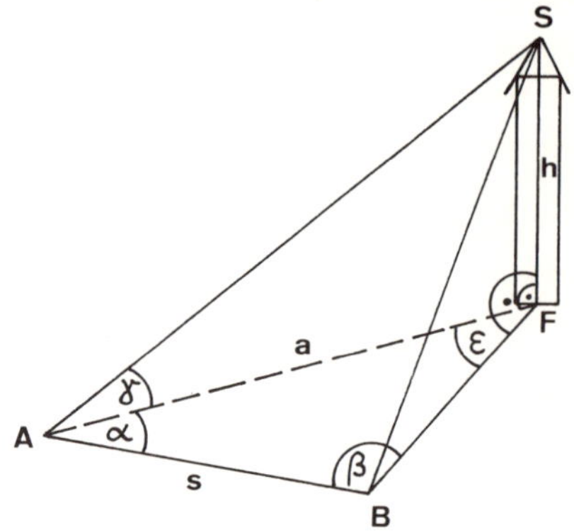

a) Welchen Winkel benötigst du, um im Dreieck △ABF die Seite a mit Hilfe des Sinussatzes ausrechnen zu können? Berechne ihn.

b) Berechne a.

c) Berechne h. Berücksichtige dabei, daß das Dreieck △AFS rechtwinklig ist.

Test

1

Schreibe alle sechs Gleichungen auf, die nach dem Sinussatz und nach dem Kosinussatz für das nebenstehende Dreieck gelten.

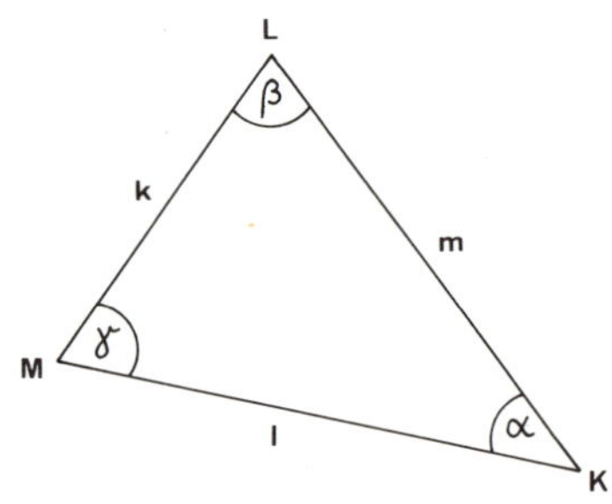

2 Berechne die fehlenden Stücke der Dreiecke.

a) $a = 7$ cm, $c = 9$ cm, $\gamma = 80°$

b) $a = 11$ cm, $b = 12$ cm, $c = 13$ cm

c) $b = 8$ cm, $\alpha = 45°$, $\beta = 95°$

3 Berechne die fehlenden Seiten und Winkel eines Dreiecks mit $c = 6$ cm, $w_\alpha = 4$ cm, $\beta = 40°$.

4

Ermittle die fünf fehlenden Stücke des nebenstehenden Vierecks mit $a = 38$ m, $b = 60$ m, $f = 64$ m, $\alpha = 112°$ und $\beta = 100°$.

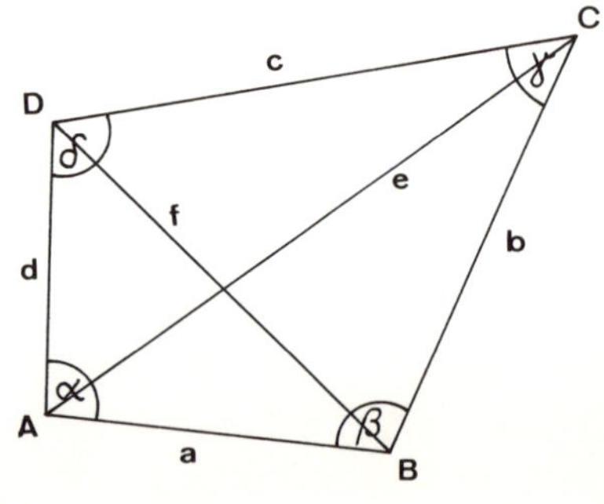

V. Weitergehende Betrachtungen

1. Beziehungen zwischen den Winkelfunktionen

In diesem Kapitel wollen wir uns vertiefend mit Zusammenhängen zwischen den Winkelfunktionen beschäftigen. Aus der Vielzahl der möglichen Formeln sollen einige wichtige und besonders exemplarische herausgegriffen werden.

1

Im Einheitskreis liege der Winkel α. Aus Kapitel I.2 weißt du, daß man die Strecken x und y in Abhängigkeit von α ausdrücken kann.

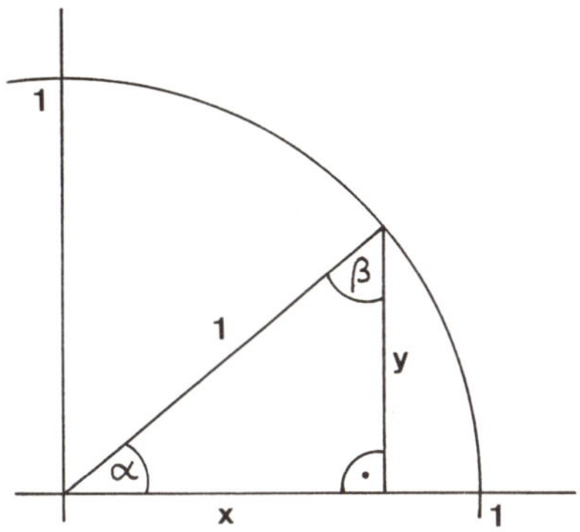

a) Schreibe die Gleichungen für x und y auf.

b) In dem rechtwinkligen Dreieck liegt auch der Winkel β. Wie groß sind $\sin\beta$ und $\cos\beta$?

c) Setzt man die Ergebnisse von a) und b) gleich, so ergibt sich $\sin\alpha = \cos\beta$ oder $\sin\beta = \cos\alpha$.
Außerdem ist $\beta = 180° - 90° - \alpha = 90° - \alpha$.
Bestätige die Formeln:

$$\sin\alpha = \cos(90° - \alpha) \quad \text{und} \quad \cos\alpha = \sin(90° - \alpha)$$

2 Überprüfe die Formeln mit dem Taschenrechner, indem du jeweils die linke und die rechte Seite für sich berechnest. Wähle $\alpha = 27°$.

3

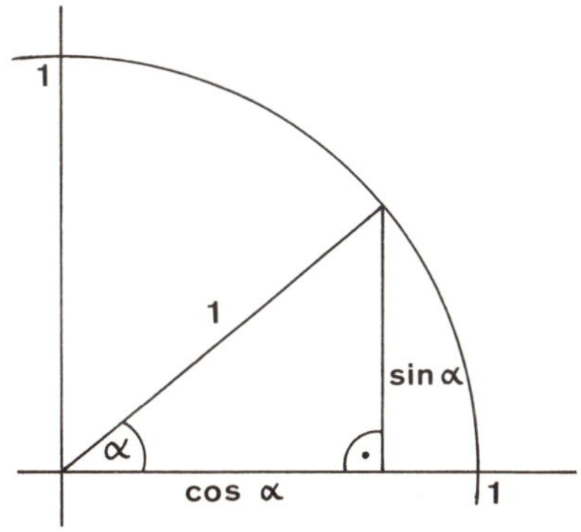

a) Welche Seiten sind die Katheten und die Hypotenuse in dem rechtwinkligen Dreieck?

b) Wie lautet hier also der Satz des Pythagoras?
Wenn du das Quadrat von $\sin\alpha$ bilden

sollst, darfst du sowohl $(\sin\alpha)^2$ als auch $\sin^2\alpha$ schreiben, **nicht** aber $\sin\alpha^2$.

> Die Formel
>
> $$\sin^2\alpha+\cos^2\alpha=1$$
>
> heißt der **trigonometrische Pythagoras.**

Bemerkung: Wie man zeigen kann, gilt der trigonometrische Pythagoras sogar für **alle** Winkel α.

4 Überprüfe den trigonometrischen Pythagoras durch Einsetzen der Winkel $\alpha=25°$ und $\alpha=137°$.

5 Mit Hilfe der eben hergeleiteten Formeln und der schon bekannten Formeln wie

$$\tan\alpha=\frac{1}{\cot\alpha},\quad \tan\alpha=\frac{\sin\alpha}{\cos\alpha}\quad \text{und}\quad \cot\alpha=\frac{\cos\alpha}{\sin\alpha}$$

lassen sich weitere Beziehungen beweisen.

Beispiele: 1. $\cos\alpha\cdot\tan\alpha=\sin\alpha$

Beweis: $\cos\alpha\cdot\tan\alpha=\cos\alpha\cdot\dfrac{\sin\alpha}{\cos\alpha}=\sin\alpha.$

2. $\dfrac{\sin^2\alpha}{(1-\sin\alpha)\,(1+\sin\alpha)}=\tan^2\alpha$

Beweis: $\dfrac{\sin^2\alpha}{(1-\sin\alpha)\,(1+\sin\alpha)}=\dfrac{\sin^2}{1-\sin^2\alpha}=\dfrac{\sin^2\alpha}{\cos^2\alpha}=\tan^2\alpha$

Beweise entsprechend:

a) $\dfrac{\tan\alpha}{\sin\alpha}=\dfrac{1}{\cos\alpha}$

b) $\cos^3\alpha+\sin^2\alpha\cdot\cos\alpha=\cos\alpha$

c) $\sqrt{1-\cos\alpha}\cdot\sqrt{1+\cos\alpha}=\sin\alpha$

d) $\sqrt{1+\tan^2\alpha}=\dfrac{1}{\cos\alpha}$

6 Vereinfache die folgenden Terme.

Beispiel: $\sin\alpha+\cos\alpha\cdot\cot\alpha$

$=\sin\alpha+\cos\alpha\cdot\dfrac{\cos\alpha}{\sin\alpha}$ Kotangens ersetzen

$=\dfrac{\sin^2\alpha}{\sin\alpha}+\dfrac{\cos^2\alpha}{\sin\alpha}$ Gleichnamig machen

$=\dfrac{\sin^2\alpha+\cos^2\alpha}{\sin\alpha}$ Trigonometrischer Pythagoras

$=\dfrac{1}{\sin\alpha}$

a) $(1+\sin\alpha)\cdot(1-\sin\alpha)$

b) $\tan\alpha\cdot\sin(90°-\alpha)$

c) $\sqrt{\frac{\tan\alpha}{\cot\alpha}}$

d) $(\sin\alpha+\cos\alpha)^2-1$

Am Anfang dieses Trainingsbuches haben wir festgestellt, daß man im rechtwinkligen Dreieck sechs Seitenverhältnisse bilden kann. Wir haben ihnen Namen gegeben, nämlich Sinus, Kosinus, Tangens, Kotangens, Sekans und Kosekans. Nur die ersten vier dieser Winkelfunktionen wurden für Berechnungen verwendet. Man kann aber die Anzahl der beim Rechnen verwendeten Winkelfunktionen weiter verringern, denn zwischen Tangens und Kotangens gibt es ja die einfache Beziehung

$$\tan\alpha=\frac{1}{\cot\alpha}.$$

Wir wollen im folgenden zeigen, daß man eigentlich nur eine einzige Winkelfunktion, z. B. den Sinus, benötigt, da man alle anderen mit Hilfe des Sinus ausdrücken kann.

7

a) In dem trigonometrischen Pythagoras $\sin^2\alpha+\cos^2\alpha=1$ tauchen nur die beiden Winkelfunktionen Sinus und Kosinus auf. Löse die Gleichung nach $\cos\alpha$ auf.

b) Die Gleichung $\cos\alpha=\sqrt{1-\sin^2\alpha}$ zeigt, in welcher Weise der Kosinus eines Winkels vom Sinus abhängig ist. Man kann damit einen Kosinuswert berechnen, ohne den Winkel zu kennen, wenn man nur den Sinuswert des betreffenden Winkels kennt.

Beispiel: Gegeben sei $\sin\alpha=0{,}6$. Gesucht ist der Wert für $\cos\alpha$. Wir rechnen
$\cos\alpha=\sqrt{1-\sin^2\alpha}=\sqrt{1-0{,}6^2}=\sqrt{1-0{,}36}=\sqrt{0{,}64}=0{,}8.$

Berechne entsprechend die Kosinuswerte zu
$\sin\alpha=0{,}5$, $\sin\alpha=\frac{1}{2}\sqrt{2}$, $\sin\alpha=\frac{2}{3}$.

8

Auch der Tangens (und damit auch der Kotangens) läßt sich durch den Sinus ausdrücken.

a) Setze in die Formel $\tan\alpha=\frac{\sin\alpha}{\cos\alpha}$ den in Aufgabe **7** gefundenen Term für $\cos\alpha$ ein.

b) Berechne $\tan\alpha$, wenn $\sin\alpha=0{,}6$ ist.

c) Wie groß ist dann $\cot\alpha$?

d) Berechne jeweils den Tangenswert, wenn die folgenden Sinuswerte bekannt sind:

$\sin\alpha = 0{,}5$, $\sin\alpha = \frac{1}{2}\sqrt{2}$, $\sin\alpha = \frac{20}{29}$

e) Wie lauten die zugehörigen Kotangenswerte?

2. Die trigonometrischen Funktionen auf $\mathbb{R}$

Nachdem wir schon in Kapitel III erfahren haben, daß die Winkelfunktionen periodisch sind, wollen wir nun zeigen, daß sie auch für negative Winkel erklärt sind und sich folglich auf ganz $\mathbb{R}$ fortsetzen lassen.

1

Spiegelt man den Winkel α an der x-Achse, so entsteht ein vom Betrag her gleich großer Winkel α'. Durch das Spiegeln erhält α' jedoch einen entgegengesetzten Umlaufsinn zu α. Wir schreiben deshalb $\alpha' = -\alpha$.

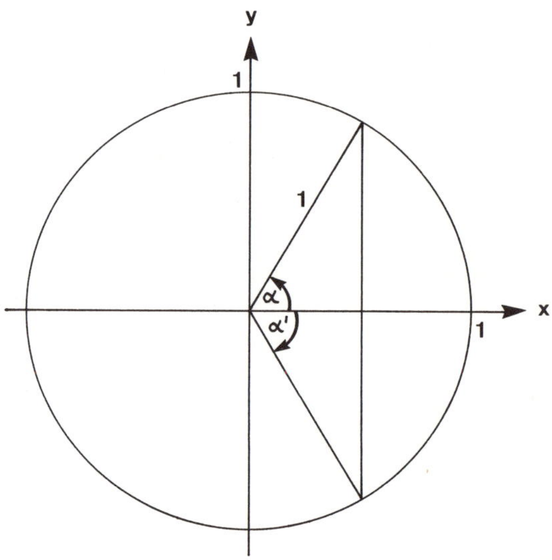

a) Übertrage die Zeichnung in dein Heft und markiere darin $\sin\alpha$ und $\cos\alpha$ sowie $\sin\alpha'$ und $\cos\alpha'$.

b) Vergleiche $\sin\alpha$ und $\sin\alpha'$. Worin unterscheiden sie sich?

c) Was stellst du beim Vergleich von $\cos\alpha$ und $\cos\alpha'$ fest?

Die Ergebnisse von Aufgabe 1 lassen sich auch so formulieren:

> Für alle Winkel α gilt:
>
> $\sin(-\alpha) = -\sin\alpha$ und $\cos(-\alpha) = \cos\alpha$

Selbstverständlich gilt dies auch für Winkel x, die im Bogenmaß angegeben sind.

Für $x \in \mathbb{R}$ gilt:

$\sin(-x) = -\sin x$ und $\cos(-x) = \cos x$

2

Überprüfe die Formeln für die Winkel $\alpha = 34{,}5°$, $\beta = 210°$, $x = 0{,}4\pi$ und $y = 4$.

3

Entsprechende Aussagen lassen sich auch für den Tangens und den Kotangens machen.

a) Setze in die Gleichung $\tan\alpha = \frac{\sin\alpha}{\cos\alpha}$ den Winkel $-\alpha$ anstatt α ein und forme um.
Ergibt sich $\tan(-\alpha) = -\tan\alpha$?

b) Führe die Rechnung auch für $\cot(-\alpha)$ durch.

Für Winkel α oder $x \in \mathbb{R}$ gilt:

$\tan(-\alpha) = -\tan\alpha$ und $\cot(-\alpha) = -\cot\alpha$
oder $\tan(-x) = -\tan x$ und $\cot(-x) = -\cot x$

Die in Aufgabe 1 und 3 erzielten Ergebnisse ermöglichen zusammen mit dem Wissen um die Periodizität der Winkelfunktionen, die Funktionswerte von Winkeln, die vom Betrag her groß sind, zu berechnen, indem man die Winkel auf betragsmäßig kleinere zurückführt.

Beispiele: 1.

$\sin 345{,}6°$
$= \sin(345{,}6° - 360°)$ — Periodenlänge des Sinus ist 360°
$= \sin(-14{,}4°)$ — $\sin(-\alpha) = -\sin\alpha$
$= -\sin 14{,}4°$
$\approx -0{,}2487$

2.

$\cos 12$ — ACHTUNG Bogenmaß!
$= \cos(12 - 4\pi)$ — Periodenlänge des Kosinus ist 2π
$\approx \cos(-0{,}57)$ — $\cos(-x) = \cos x$
$= \cos 0{,}57$
$\approx 0{,}84$

4

Führe auf vom Betrag her kleinere Winkel zurück und berechne dann:

a) $\cos 800°$ **b)** $\sin(-597°)$ **c)** $\tan 482°$ **d)** $\cot 600°$

e) $\sin 6{,}1$ **f)** $\tan(-7)$ **g)** $\cos\left(-\frac{27}{4}\pi\right)$ **h)** $\cot(3{,}5\pi)$

Wir haben gelernt, daß es Funktionswerte der Winkelfunktionen auch für negative Winkel (im Gradmaß) oder negative reelle Zahlen (im Bogenmaß) gibt. Mithin lassen sich die Graphen der Winkelfunktionen in den ,,negativen Bereich'' des Koordinatensystems fortsetzen.

5

Übertrage die Zeichnung in dein Heft und vervollständige sie. Berechne die fehlenden Funktionswerte mit dem Taschenrechner oder benutze die Werte, die du schon in Kapitel III berechnet hast und gib ihnen das geeignete Vorzeichen.

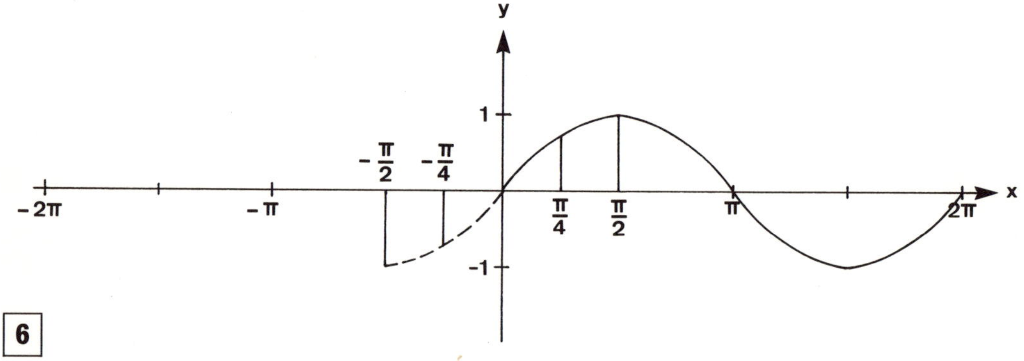

6

Zeichne entsprechend die Graphen der Kosinus-, Tangens- und Kotangensfunktion im Intervall $-2\pi \leq x \leq 2\pi$.

7

Du siehst hier noch einmal alle Funktionsgraphen im Überblick.

α)

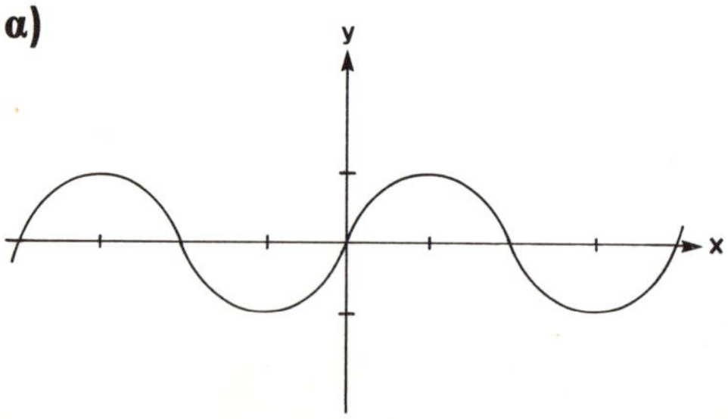

β)

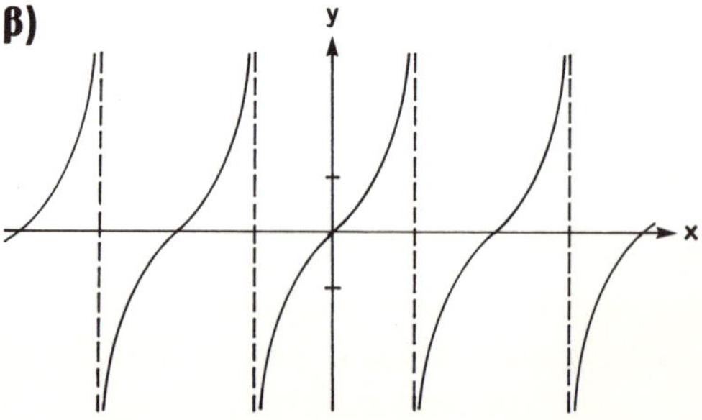

γ)

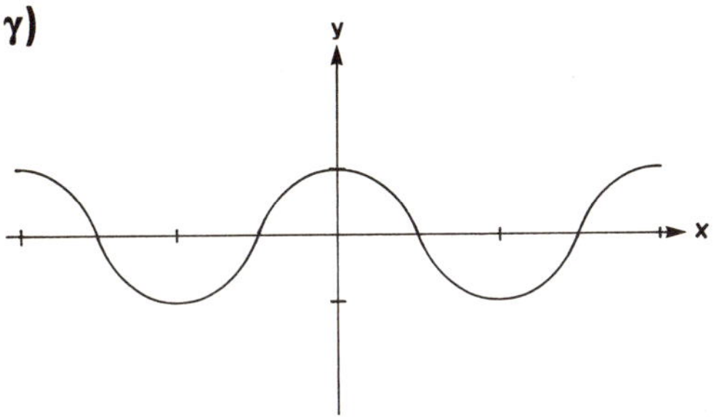

δ)

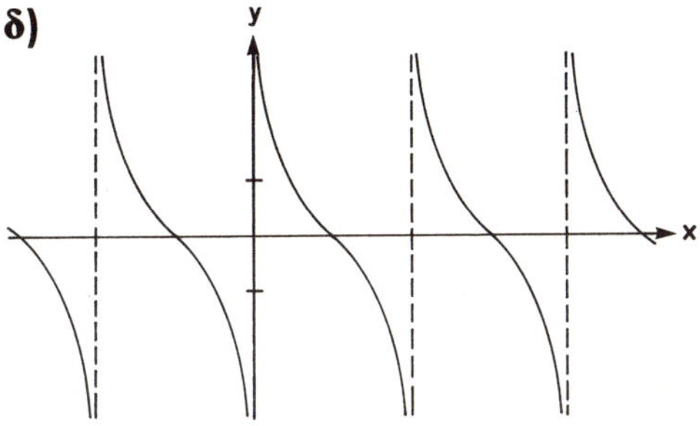

a) Ordne ihnen die Funktionsgleichungen $y = \cos x$, $y = \cot x$, $y = \sin x$ oder $y = \tan x$ zu.

b) Welcher der Graphen hat die y-Achse zur Symmetrieachse?

c) Welche Graphen sind symmetrisch zum Ursprung des Koordinatensystems (punktsymmetrisch)?

8

Die Art der Symmetrie der Funktionsgraphen kann man auch auf die folgende Weise erkennen:

a) Wir hatten festgestellt, daß für die Kosinusfunktion gilt:
$\cos(-x) = \cos x$
Anschaulich ist diese Beziehung in der Zeichnung dargestellt. Bestätige, daß der Graph nur deshalb symmetrisch zur y-Achse sein kann, weil für die Werte x und $-x$ die Funktionswerte jeweils gleich sind.

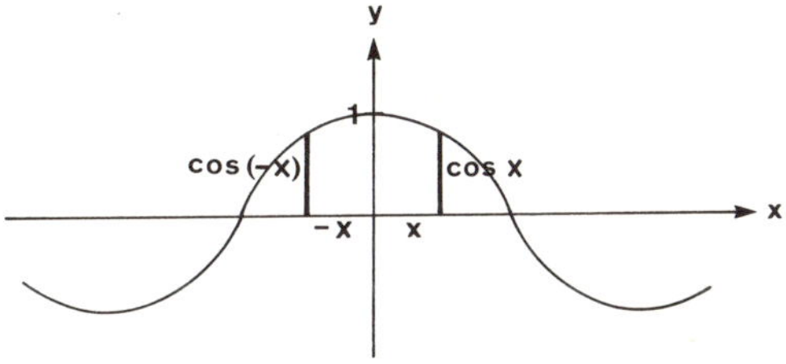

b) Bei der Tangensfunktion gilt allgemein $\tan(-x) = -\tan x$.
Du siehst, daß der Graph symmetrisch zum Ursprung (punktsymmetrisch) ist, weil die zu den Werten x und $-x$ gehörenden Funktionswerte $\tan x$ und $\tan(-x) = -\tan x$ vom Betrag her gleich sind und genau die entgegengesetzten Vorzeichen haben.

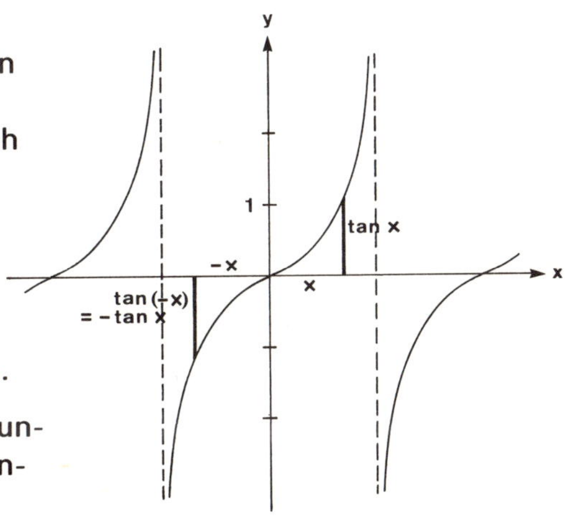

c) Führe die entsprechenden Untersuchungen auch für die Sinus- und die Kotangensfunktion durch.

Von den Graphen der Winkelfunktionen ist **nur** der Graph der Kosinusfunktion symmetrisch zur y-Achse, die Graphen der Sinus-, Tangens- und Kotangensfunktion sind symmetrisch zum Ursprung (punktsymmetrisch).

3. Einfache Additionstheoreme

Bisher haben wir immer nur Terme mit Winkelfunktionen kennengelernt wie $\sin\alpha$ oder $\cos\beta$, nicht aber solche wie $\sin(\alpha+\beta)$ oder $\cos(\alpha-\beta)$.
Terme des zweiten Typs können bei bestimmten Berechnungen auftauchen, und es ist dann sehr hilfreich, daß man sie durch Terme ersetzen kann, die nur aus Bestandteilen des ersten Typs zusammengesetzt sind.
Einige dieser sogenannten Additionstheoreme wollen wir im folgenden herleiten.

1

Gegeben sind die Winkel $\alpha=36°$ und $\beta=51°$.

a) Berechne $\sin\alpha$, $\sin\beta$ und $\sin(\alpha+\beta)$ mit dem Taschenrechner.

b) Sind $\sin\alpha+\sin\beta$ und $\sin(\alpha+\beta)$ gleich?

Offensichtlich ist es nicht so einfach, einen anderen Term für $\sin(\alpha+\beta)$ zu finden.

2

In der Abbildung ist ein Dreieck mit seinem Umkreis zu sehen. Für uns ist dabei nur wichtig, daß man ein rechtwinkliges Dreieck ($\triangle ACM$) mit dem Umkreisradius r als Hypotenuse finden kann, in dem auch der Winkel γ auftaucht. (Diese Tatsache ergibt sich aus dem Satz, daß der Mittelpunktswinkel $\sphericalangle AMB$ doppelt so groß ist wie der Umfangswinkel γ über demselben Bogen.)

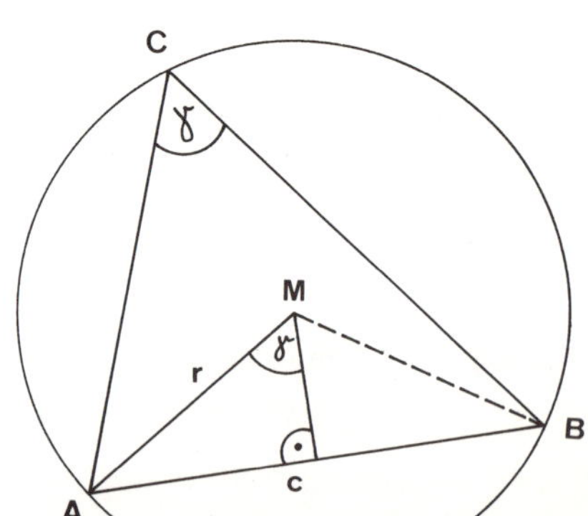

In dem rechtwinkligen Dreieck gilt folglich:

$$\sin\gamma = \frac{\frac{1}{2}c}{r}$$

a) Bestätige, daß sich daraus $c = 2r \cdot \sin\gamma$ ergibt.

b) Fertige jeweils eine entsprechende Zeichnung für die Winkel α und β an.

c) Leite daraus ab: $a = 2r \cdot \sin\alpha$ und $b = 2r \cdot \sin\beta$

3

In dem Dreieck $\triangle ABC$ gilt $\gamma = 180° - \alpha - \beta = 180° - (\alpha + \beta)$.
Setzen wir dies in Aufgabe 2 a) ein, so erhalten wir
$c = 2r \cdot \sin\gamma = 2r \cdot \sin(180° - (\alpha + \beta))$.

Nach welcher Formel aus Kapitel III.1 läßt sich hierfür schreiben $c = 2r \cdot \sin(\alpha + \beta)$?

4

Im Dreieck $\triangle ABC$ wird die Seite c durch die Höhe h_c in die Abschnitte d und e mit $d + e = c$ unterteilt.

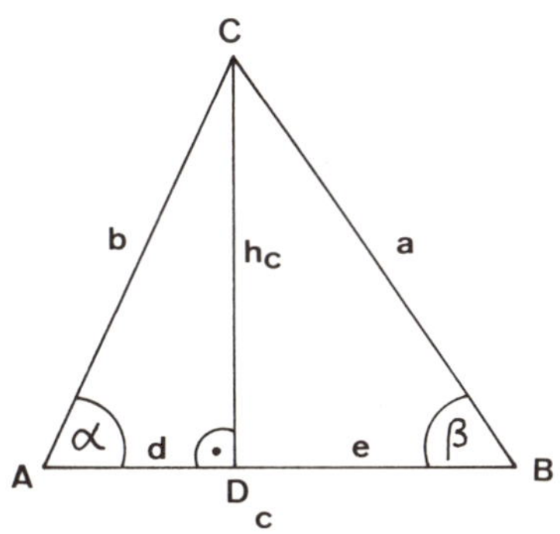

a) Finde einen Term für d, in dem $\cos\alpha$ vorkommt. Betrachte dazu das rechtwinklige Teildreieck $\triangle ADC$.

b) Zeige entsprechend, daß gilt $e = a \cdot \cos\beta$.

c) Insgesamt läßt sich also schreiben: $c = d + e = b \cdot \cos\alpha + a \cdot \cos\beta$

5

Wir fassen alle Vorüberlegungen von Aufgabe 2 bis 4 zusammen:

Zunächst ist $c = 2r \cdot \sin\gamma$. Aufgabe 2

Weiter gilt $c = 2r \cdot \sin(180° - (\alpha + \beta))$ Aufgabe 3
$= 2r \cdot \sin(\alpha + \beta)$.

Nun läßt sich c ersetzen

$$b \cdot \cos\alpha + a \cdot \cos\beta = 2r \cdot \sin(\alpha + \beta)$$ Aufgabe 4

und hier wiederum b und a

$$2r \cdot \sin\beta \cdot \cos\alpha + 2r \cdot \sin\alpha \cdot \cos\beta = 2r \cdot \sin(\alpha + \beta).$$ Aufgabe 2

Wir können den Faktor 2r ausklammern

$$2r\cdot(\sin\beta\cdot\cos\alpha+\sin\alpha\cdot\cos\beta)=2r\cdot\sin(\alpha+\beta)$$

und die Gleichung durch 2r dividieren und erhalten das Additionstheorem

$$\sin(\alpha+\beta)=\sin\alpha\cdot\cos\beta+\sin\beta\cdot\cos\alpha$$

Überprüfe das Additionstheorem durch Einsetzen der Winkel von Aufgabe 1.

6

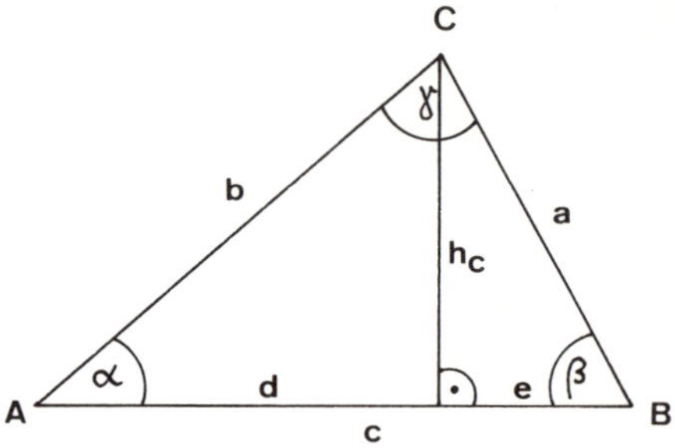

a) Formuliere im Dreieck △ABC den Kosinussatz für den Winkel γ.

b) Es gilt $\gamma=180°-(\alpha+\beta)$.
Setze dies in a) ein und vereinfache die Gleichung zu
$c^2=a^2+b^2+2ab\cdot\cos(\alpha+\beta)$.

c) Wegen $c=d+e$ läßt sich schreiben $c^2=(d+e)^2=d^2+2de+e^2$. Wir wollen andere Terme für d, e, d^2 und e^2 angeben. Bestätige die folgenden Terme und gib die dazu passenden an:

$d^2=b^2-h_c^2$ $\qquad$ $e^2=$ ____________

$d\ =b\cdot\cos\alpha$ $\qquad$ $e\ =a\cdot$ ____________

$h_c=b\cdot\sin\alpha$ $\qquad$ $h_c=a\cdot$ ____________

d) Wir benutzen die bisher gemachten Vorüberlegungen zu folgender Herleitung:

$$c^2=a^2+b^2-2ab\cdot\cos\gamma$$
$$c^2=a^2+b^2+2ab\cdot\cos(\alpha+\beta)$$
$$d^2+2de+e^2=a^2+b^2+2ab\cdot\cos(\alpha+\beta)$$
$$b^2-h_c^2+2b\cos\alpha\cdot a\cos\beta+a^2-h_c^2=a^2+b^2+2ab\cdot\cos(\alpha+\beta)\quad|-a^2-b^2$$
$$2b\cos\alpha\cdot a\cos\beta-2h_c^2=2ab\cdot\cos(\alpha+\beta)\quad|:2$$
$$ab\cos\alpha\cdot\cos\beta-h_c^2=ab\cdot\cos(\alpha+\beta)$$
$$ab\cos\alpha\cdot\cos\beta-b\sin\alpha\cdot a\sin\beta=ab\cdot\cos(\alpha+\beta)\quad|:(ab)$$

$$\cos(\alpha+\beta)=\cos\alpha\cdot\cos\beta-\sin\alpha\cdot\sin\beta$$

Bemerkung: Wir haben die ersten beiden Additionstheoreme über Betrachtungen an Dreiecken entwickelt und dabei sogar nur spitzwinklige Dreiecke verwendet. Trotz dieser um der Anschaulichkeit willen gemachten Vereinfachung gelten die Theoreme für **alle** Winkel.

Formelsammlung

Definition der Winkelfunktionen (im rechtwinkligen Dreieck):

Sinus: $\sin\alpha = \frac{\text{Gegenkathete}}{\text{Hypotenuse}} = \frac{a}{c}$

Kosinus: $\cos\alpha = \frac{\text{Ankathete}}{\text{Hypotenuse}} = \frac{b}{c}$

Tangens: $\tan\alpha = \frac{\text{Gegenkathete}}{\text{Ankathete}} = \frac{a}{b}$

Kotangens: $\cot\alpha = \frac{\text{Ankathete}}{\text{Gegenkathete}} = \frac{b}{a}$

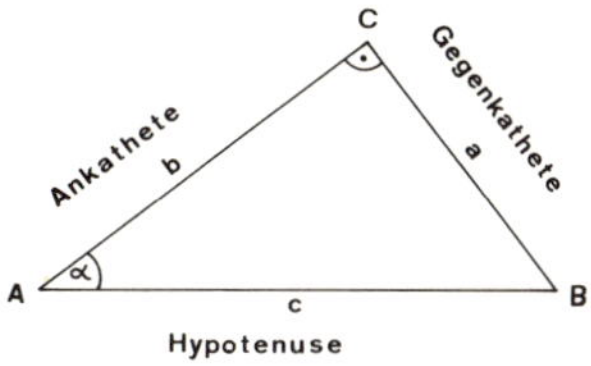

Zusammenhänge zwischen den Winkelfunktionen:

$\tan\alpha = \frac{\sin\alpha}{\cos\alpha}$ $\qquad$ $\cot\alpha = \frac{\cos\alpha}{\sin\alpha}$ $\qquad$ $\tan\alpha = \frac{1}{\cot\alpha}$

$\sin^2\alpha + \cos^2\alpha = 1$

$\sin\alpha = \cos(90° - \alpha)$ $\qquad$ $\cos\alpha = \sin(90° - \alpha)$

Gleiche Funktionswerte verschieden großer Winkel ($k \in \mathbb{Z}$):

$\sin\alpha = \sin(\alpha + k\cdot 360°)$ bzw. $\sin x = \sin(x + k\cdot 2\pi)$
$\cos\alpha = \cos(\alpha + k\cdot 360°)$ bzw. $\cos x = \cos(x + k\cdot 2\pi)$
$\tan\alpha = \tan(\alpha + k\cdot 180°)$ bzw. $\tan x = \tan(x + k\cdot \pi)$
$\cot\alpha = \cot(\alpha + k\cdot 180°)$ bzw. $\cot x = \cot(x + k\cdot \pi)$

Negative Winkel:

$\sin(-\alpha) = -\sin\alpha$ $\tan(-\alpha) = -\tan\alpha$ $\cot(-\alpha) = -\cot\alpha$

aber: $\cos(-\alpha) = \cos\alpha$

Sinussatz:

$$\frac{a}{b} = \frac{\sin\alpha}{\sin\beta}; \quad \frac{b}{c} = \frac{\sin\beta}{\sin\gamma}; \quad \frac{a}{c} = \frac{\sin\alpha}{\sin\gamma}$$

Kosinussatz:

$$a^2 = b^2 + c^2 - 2bc\cos\alpha$$
$$b^2 = a^2 + c^2 - 2ac\cos\beta$$
$$c^2 = a^2 + b^2 - 2bc\cos\gamma$$

Additionstheoreme:

$$\sin(\alpha+\beta) = \sin\alpha\cdot\cos\beta + \sin\beta\cdot\cos\alpha, \qquad \sin(\alpha-\beta) = \sin\alpha\cdot\cos\beta - \sin\beta\cdot\cos\alpha$$
$$\cos(\alpha+\beta) = \cos\alpha\cdot\cos\beta - \sin\alpha\cdot\sin\beta, \qquad \cos(\alpha-\beta) = \cos\alpha\cdot\cos\beta + \sin\alpha\cdot\sin\beta$$
$$\tan(\alpha+\beta) = \frac{\tan\alpha + \tan\beta}{1 - \tan\alpha\cdot\tan\beta}, \qquad \tan(\alpha-\beta) = \frac{\tan\alpha - \tan\beta}{1 + \tan\alpha\cdot\tan\beta}$$

Umrechnung vom Gradmaß (α) ins Bogenmaß (x):

$$x = \frac{\alpha\cdot\pi}{180°}; \qquad \alpha = \frac{x\cdot 180°}{\pi}$$

Uwe Bergmann

TRAINING Trigonometrie 9./10. Schuljahr

Lösungsheft

Ernst Klett Verlag

Satz: Zechnersche Buchdruckerei, Speyer
Druck: W. Röck, Weinsberg
Beilage zu 3-12-922024-0

Inhaltsverzeichnis

I. Die Definition der Winkelfunktionen 4
1. Winkelfunktionen am rechtwinkligen Dreieck 4
2. Winkelfunktionen am Einheitskreis 6
3. Arbeiten mit dem Taschenrechner 9
Test 10

II. Erste Anwendungen 10
1. Berechnungen am rechtwinkligen Dreieck 10
2. Berechnung anderer Flächen 13
3. Aufgaben aus der Vermessung 15
4. Berechnungen an Körpern 15
Test 16

III. Die Graphen der Winkelfunktionen 17
1. Betrachtungen am Einheitskreis 17
2. Sinuskurve und Kosinuskurve 18
3. Die Winkelfunktionen im Bogenmaß 20
4. Die Tangens- und Kotangensfunktion 21
Test 24

IV. Sinussatz und Kosinussatz und deren Anwendungen 25
1. Der Sinussatz 25
2. Der Kosinussatz 27
3. Berechnung beliebiger Dreiecke 30
4. Vermischte Aufgaben 34
Test 35

V. Weitergehende Betrachtungen 36
1. Beziehungen zwischen den Winkelfunktionen 36
2. Die trigonometrischen Funktionen auf $\mathbb{R}$ 38
3. Einfache Additionstheoreme 39
Test 40

I. Die Definition der Winkelfunktionen

1. Winkelfunktionen am rechtwinkligen Dreieck

1

a) um 40 m, da $\frac{x}{200} = \frac{20}{100}$ gelten muß

b) rechter Winkel, α, γ

c) ... $\frac{\overline{B'C'}}{\overline{A'C'}} = \frac{40}{200} = \frac{1}{5}$

2

a) $x = \frac{20 \cdot 150}{100} = 30$

b) $\frac{20}{100} = \frac{x}{250} \Rightarrow x = 50$ m; $\frac{20}{100} = \frac{x}{350} \Rightarrow x = 70$ m

3

a) $x = 150$ m

b) $\frac{30}{100} = \frac{45}{150} = \frac{3}{10}$, ja!

4

$x = 120$ m; $x = 216,\overline{6}$ m; $x = 66,\overline{6}$ m

5

$\alpha \approx 11,5°$; $\alpha \approx 17,5°$

6

a) a ist Gegenkathete, c ist Ankathete

b) c ist Gegenkathete, a ist Ankathete

7

	a)	b)	c)	d)
Gegenkathete	b	b	a	c
Ankathete	a	c	b	b

8

a) ja; bei β

b) a ist Gegenkathete, c Ankathete, b Hypotenuse

c) c ist Gegenkathete, a Ankathete, b Hypotenuse

9

a) $\frac{p}{q}, \frac{p}{r}, \frac{q}{p}, \frac{q}{r}, \frac{r}{p}, \frac{r}{q}$

b) $\sin\alpha = \frac{p}{r}, \quad \cos\alpha = \frac{q}{r}, \quad \tan\alpha = \frac{p}{q}, \quad \cot\alpha = \frac{q}{p}$

c) $\frac{r}{q}$ und $\frac{r}{p}$

10

a) a ist Hypotenuse, c ist Gegenkathete, b ist Ankathete

b) $\sin\gamma = \frac{c}{a}; \quad \cos\gamma = \frac{b}{a}; \quad \tan\gamma = \frac{c}{b}; \quad \cot\gamma = \frac{b}{c}$

11

a) a ist Hypotenuse, b Ankathete, c Gegenkathete

b) $\sin\beta = \frac{b}{a}; \quad \cos\beta = \frac{c}{a}; \quad \tan\beta = \frac{b}{c}; \quad \cot\beta = \frac{c}{b}$

12

a) $\sin\alpha = \frac{a}{b}; \quad \cos\alpha = \frac{c}{b}; \quad \tan\alpha = \frac{a}{c}; \quad \cot\alpha = \frac{c}{a}$

b) $\cos\alpha = \frac{4}{5} = 0{,}8; \quad \tan\alpha = \frac{3}{4} = 0{,}75; \quad \cot\alpha = \frac{4}{3} = 1{,}\overline{3}$

13

$\sin\alpha = \frac{a}{b} = \frac{12}{13} \approx 0{,}92; \quad \sin\gamma = \frac{c}{b} = \frac{5}{13} \approx 0{,}38; \quad \cos\alpha \approx 0{,}38; \quad \cos\gamma \approx 0{,}92$

$\tan\alpha = \frac{a}{c} = \frac{12}{5} = 2{,}4; \quad \cot\alpha = \frac{c}{a} = \frac{5}{12} \approx 0{,}42; \quad \tan\gamma \approx 0{,}42; \quad \cot\gamma = 2{,}4$

14

a)

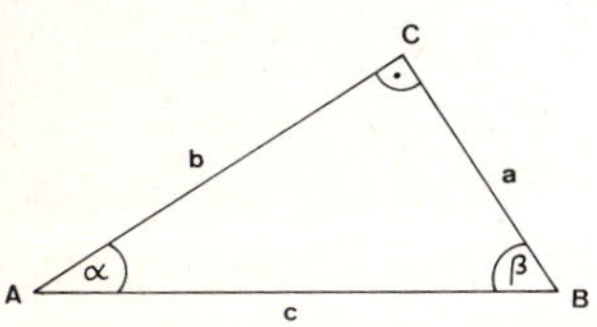

a = 3 cm
b ≈ 5,2 cm

b) $\sin\alpha = \frac{a}{c} = \frac{3}{6} = 0{,}5$

c) $\cos 30° = \frac{b}{c} \approx \frac{5{,}2}{6} \approx 0{,}87$; $\tan 30° = \frac{a}{b} \approx \frac{3}{5{,}2} \approx 0{,}58$;

$\cot 30° = \frac{b}{a} \approx \frac{5{,}2}{3} \approx 1{,}73$

15

$a \approx 6{,}5$ cm; $b \approx 4{,}2$ cm

$\sin\beta = \frac{b}{a} \approx \frac{4{,}2}{6{,}5} \approx 0{,}65$; $\cos\beta \approx 0{,}77$; $\tan\beta \approx 0{,}84$; $\cot\beta \approx 1{,}2$

16

$\alpha = 90°$; $\beta \approx 64°$; $\gamma \approx 26°$

$\sin\beta = \frac{b}{a} \approx 0{,}90$; $\cos\beta \approx 0{,}44$; $\tan\beta \approx 2{,}1$; $\cot\beta \approx 0{,}49$

$\sin\gamma = \frac{c}{a} \approx 0{,}44$; $\cos\gamma \approx 0{,}90$; $\tan\gamma \approx 0{,}49$; $\cot\gamma \approx 2{,}1$

17

a) –

b) $\sin 20° \approx \frac{3{,}4}{10} = 0{,}34$

c) $\sin 40° \approx 0{,}64$; $\sin 60° \approx 0{,}87$; $\sin 80° \approx 0{,}98$

2. Winkelfunktionen am Einheitskreis

1

a) –

b) 1 dm = 10 cm

c) 0,57 dm; 0,82 dm

d) $\sin 35° \approx 0{,}57$; $\cos 35° \approx 0{,}82$

2

$\cos\alpha = \frac{\text{Ankathete}}{1} = \text{Ankathete}$

3

$\sin\alpha \approx 0{,}97$; $\cos\alpha \approx 0{,}26$

4

α	10°	20°	30°	40°	50°	60°	70°	80°
sin α	0,17	0,34	0,5	0,64	0,77	0,87	0,94	0,98
cos α	0,98	0,94	0,87	0,77	0,64	0,5	0,34	0,17

5

nein; $\sin\alpha \to 1$ für $\alpha \to 90°$

6

$\cos\alpha \to 1$ für $\alpha \to 0°$; $\cos\alpha \to 0$ für $\alpha \to 90°$

7

a) $\sin 67° \approx 0{,}92$; $\cos 67° \approx 0{,}39$ **b)** $\sin 41° \approx 0{,}66$; $\cos 41° \approx 0{,}75$

c) $\sin 18° \approx 0{,}31$; $\cos 18° \approx 0{,}95$ **d)** $\sin 79° \approx 0{,}98$; $\cos 79° \approx 0{,}19$

8

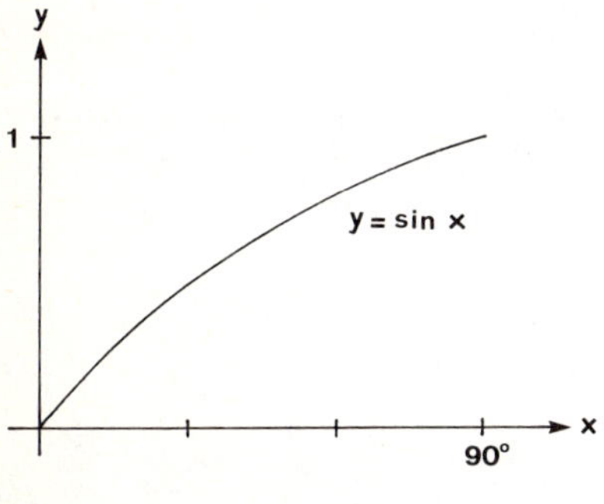

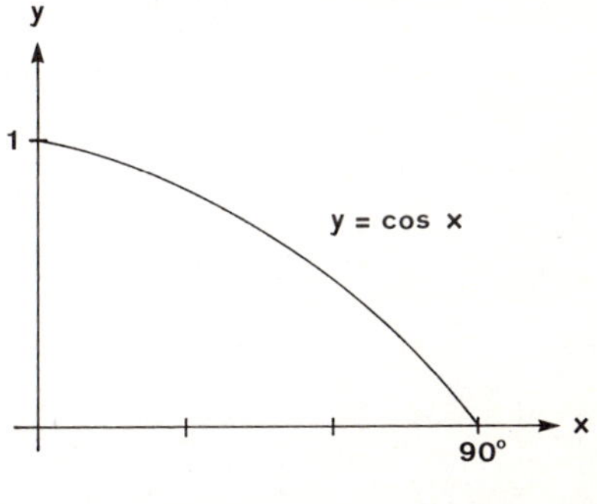

9

a) — **b)** 0,7 dm und 1 dm

c) $\tan\alpha \approx \frac{0{,}7}{1} = 0{,}7$; die Hypotenuse; der Gegenkathete

10

a) — **b)** 1,43 dm und 1 dm

c) $\cot\alpha \approx \frac{1{,}43}{1} = 1{,}43$; der Ankathete

11

a) 0,18; 0,58; 1,73

b) Sie werden immer größer. Nein!

c) $\tan 0° = 0$

12

a)

α	$\tan\alpha$
0°	0
10°	0,18
20°	0,36
30°	0,58
40°	0,84
50°	1,19
60°	1,73

b)

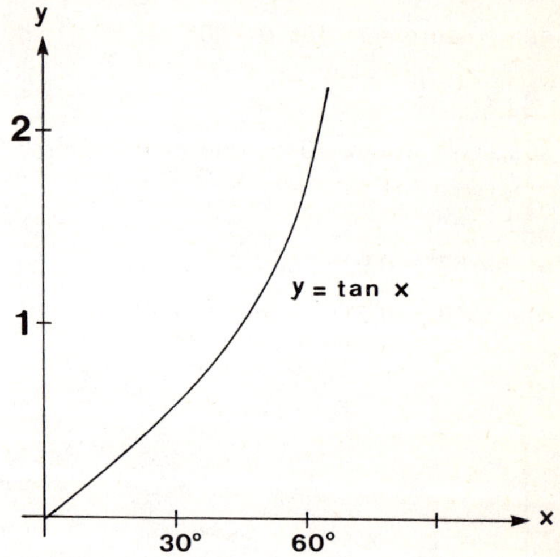

13

α	$\cot\alpha$
30°	1,73
40°	1,19
50°	0,84
60°	0,58
70°	0,36
80°	0,18
90°	0

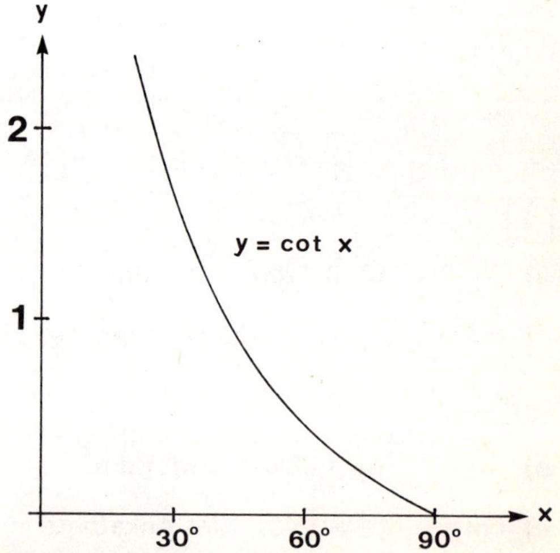

3. Arbeiten mit dem Taschenrechner

1 —

2

α	10°	20°	30°	40°	50°	60°	70°	80°
$\sin\alpha$	0,1736	0,3420	0,5	0,6428	0,7660	0,8660	0,9397	0,9848
$\cos\alpha$	0,9848	0,9397	0,8660	0,7660	0,6428	0,5	0,3420	0,1736

3

a) 0,6884 **b)** 0,9494 **c)** 0,9987 **d)** 0,6307

4

a) 14,2° **b)** 67,1° **c)** 54° **d)** 19° **e)** 45° **f)** 60°

5

a) 45° **b)** 23,6° **c)** 33,2° **d)** 33,6° **e)** 30° **f)** 70,5°

6

0,3443; 1; 0,7265; 19,0811; 0,0437; 2,1642

7

$$\frac{1}{\cot\alpha} = \frac{1}{\frac{\text{Ankathete}}{\text{Gegenkathete}}} = \frac{\text{Gegenkathete}}{\text{Ankathete}} = \tan\alpha$$

8

3,7321; 0,5543; 1; 38,1885; 0,0349; 0,3365

9

a) 0,3115 **b)** 0,7107 **c)** 2,2673 **d)** 2,7776

10

a) 58,3° **b)** 4,4° **c)** 45° **d)** 69,6° **e)** 20,4° **f)** 39,8°

11

a) 60° **b)** 30° **c)** 45° **d)** 30° **e)** 60° **f)** 63,4°

Test

1

a) $\sin\gamma = \frac{\text{Gegenkathete}}{\text{Hypotenuse}}$; $\cos\gamma = \frac{\text{Ankathete}}{\text{Hypotenuse}}$; $\tan\gamma = \frac{\text{Gegenkathete}}{\text{Ankathete}}$

$\cot\gamma = \frac{\text{Ankathete}}{\text{Gegenkathete}}$

b) $\sin\gamma = \frac{c}{b}$; $\cos\gamma = \frac{a}{b}$; $\tan\gamma = \frac{c}{a}$; $\cot\gamma = \frac{a}{c}$

2

$\alpha \approx 48{,}9°$; $\sin\alpha \approx 0{,}75$; $\cos\alpha \approx 0{,}66$; $\tan\alpha \approx 1{,}15$; $\cot\alpha \approx 0{,}87$

3

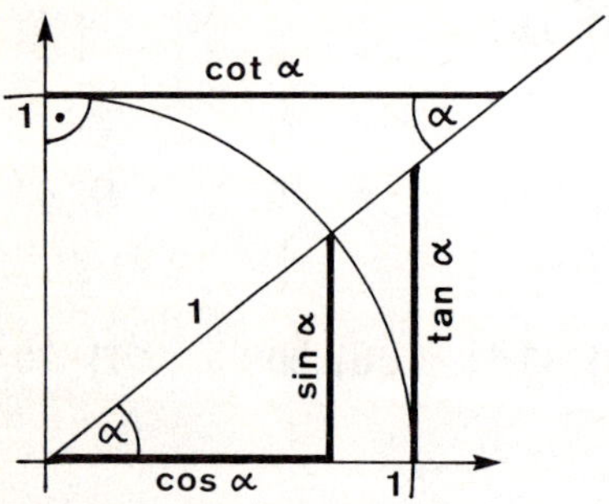

$\sin 36° \approx 0{,}59$ dm
$\cos 36° \approx 0{,}81$ dm
$\tan 36° \approx 0{,}73$ dm
$\cot 36° \approx 1{,}38$ dm

4

a) 0,6909; 0,2217; 0,8660; 1,7321

b) 58,4°; 60°; 45°; 41,4°

II. Erste Anwendungen

1. Berechnungen am rechtwinkligen Dreieck

1

a) eine Seite; zwei Winkel ($\gamma = 90°$!)

b) $\alpha = 41°$

c) $b = 7{,}3\text{ cm} \cdot \sin 49° \approx 5{,}5\text{ cm}$

d) $a = 7{,}3\text{ cm} \cdot \cos 49° \approx 4{,}8\text{ cm}$

e) $a = \sqrt{c^2 - b^2} \approx \sqrt{53{,}29 - 30{,}25} = 4{,}8\text{ cm}$

2

a)

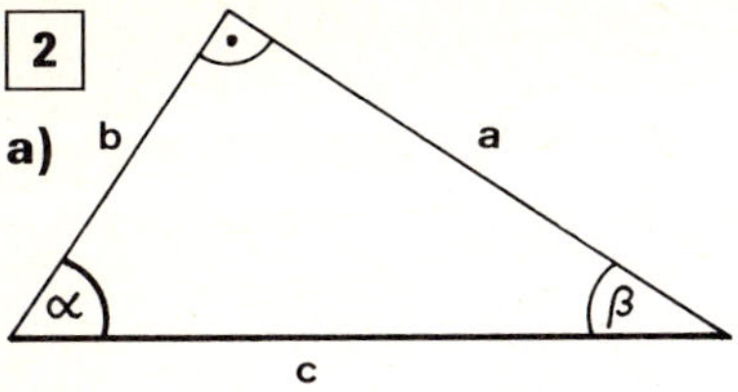

b) $\beta = 90° - \alpha = 90° - 19° = 71°$

c) $a = c \cdot \sin\alpha = 7{,}4\text{ cm} \cdot \sin 19° \approx 2{,}4\text{ cm}$

d) $b = c \cdot \cos\alpha = 7{,}4\text{ cm} \cdot \cos 19° \approx 7{,}0\text{ cm}$

3

a) $\beta = 90° - \alpha = 90° - 37° = 53°$; $a = c \cdot \sin\alpha = 8{,}5\text{ cm} \cdot \sin 37° \approx 5{,}1\text{ cm}$

b) $b = c \cdot \sin\beta = 8{,}5\text{ cm} \cdot \sin 53° \approx 6{,}8\text{ cm}$

c) $b = \sqrt{c^2 - a^2} \approx \sqrt{72{,}25\text{ cm}^2 - 26{,}01\text{ cm}^2} = 6{,}8\text{ cm}$

4

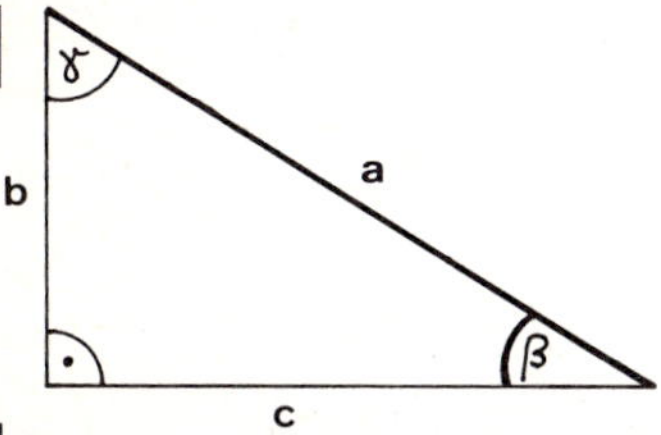

$\gamma = 90° - \beta = 58°$
$b = a \cdot \sin\beta = 53\text{ cm} \cdot \sin 32° \approx 28\text{ cm}$
$c = a \cdot \cos\beta = 53\text{ cm} \cdot \cos 32° \approx 45\text{ cm}$

5

a) eine Seite, zwei Winkel

b) $\beta = 65°$

c) Gegenkathete zu α; $\frac{a}{b} = \tan\alpha$

d) $a = b \cdot \tan\alpha = 7{,}7\text{ cm} \cdot \tan 25° \approx 3{,}6\text{ cm}$

e) $\cos\alpha = \frac{b}{c} \Rightarrow c = \frac{b}{\cos\alpha} = \frac{7{,}7\text{ cm}}{\cos 25°} \approx 8{,}5\text{ cm}$

6

a) $\beta = 48°$

b) a ist Gegenkathete von α, b Ankathete; $\cot\alpha = \frac{b}{a}$; $b \approx 7{,}2\text{ cm}$

c) $\sin\alpha = \frac{a}{c}$; $c \approx 9{,}7\text{ cm}$

7

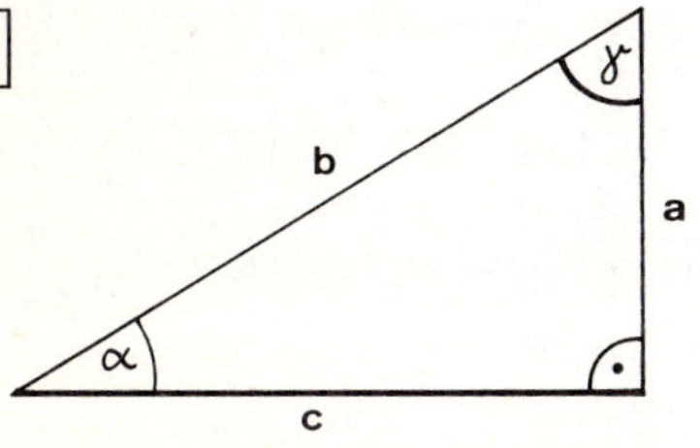

$\alpha = 28°$
$b = \frac{c}{\sin\gamma} \approx 6{,}8\text{ cm}$
$a = c \cdot \cot\gamma \approx 3{,}2\text{ cm}$

8

a) zwei Seiten, ein Winkel ($\gamma = 90°$)

b) $a = \sqrt{c^2 - b^2} \approx 3{,}9$ cm

c) $\cos\alpha = \frac{b}{c}$; $\alpha \approx 39{,}9°$

d) $\sin\beta = \frac{b}{c}$; $\beta \approx 50{,}1°$

9

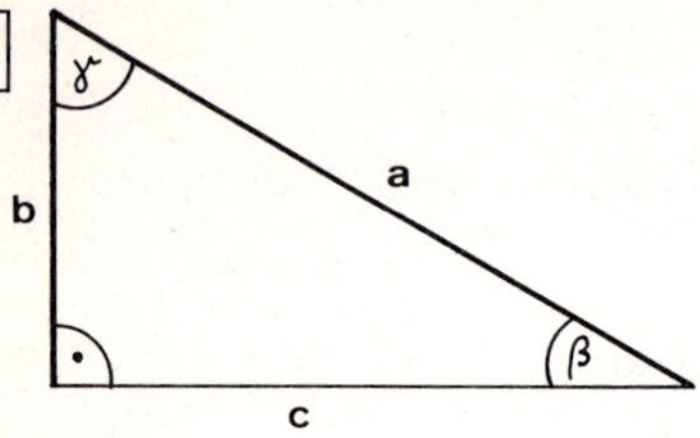

$c = \sqrt{a^2 - b^2} = 8$ cm

$\sin\beta = \frac{b}{a}$; $\beta \approx 26°$

$\cos\gamma = \frac{b}{a}$; $\gamma \approx 64°$

10

$c = \sqrt{b^2 - a^2} = 40$ cm; $\sin\alpha = \frac{a}{b}$; $\alpha \approx 12{,}7°$; $\cos\gamma = \frac{a}{b}$; $\gamma \approx 77{,}3°$

11

a) zwei Seiten, ein Winkel

b) $c = \sqrt{a^2 + b^2} \approx 8{,}5$ cm

c) $\tan\alpha = \frac{a}{b}$; $\alpha \approx 36{,}9°$

d) $\tan\beta = \frac{b}{a}$; $\beta \approx 53{,}1°$

12

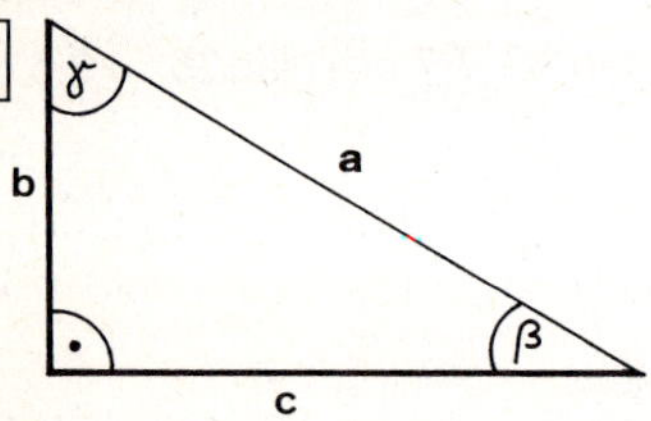

$a = \sqrt{b^2 + c^2} \approx 7{,}8$ cm

$\tan\beta = \frac{b}{c}$; $\beta \approx 22{,}6°$

$\tan\gamma = \frac{c}{b}$; $\gamma \approx 67{,}4°$

13

a) $c = \sqrt{a^2 - b^2} = 2{,}8$ cm; $\sin\alpha = \frac{b}{a}$, $\alpha \approx 58{,}1°$; $\cos\gamma = \frac{b}{a}$, $\gamma \approx 31{,}9°$

b) $\alpha = 90° - \gamma = 14{,}2°$; $a = \frac{c}{\tan\gamma} \approx 1{,}6$ cm; $b = \frac{c}{\sin\gamma} \approx 6{,}5$ cm

c) $a = \sqrt{b^2 + c^2} = 80$ cm; $\tan\beta = \frac{b}{c}$, $\beta \approx 36{,}9°$; $\tan\gamma = \frac{c}{b}$, $\gamma \approx 53{,}1°$

d) $\gamma = 90° - \alpha = 77{,}3°$; $a = b \cdot \sin\alpha \approx 0{,}9$ cm; $c = b \cdot \cos\alpha \approx 4{,}0$ cm

2. Berechnung anderer Flächen

1

a) $\alpha = \frac{180° - \gamma}{2} = 48°$

b) $\cos\alpha = \frac{\frac{c}{2}}{b} \Rightarrow c = 2b \cdot \cos\alpha \approx 13\text{ cm}$; $h_c = b \cdot \sin\alpha \approx 7{,}2\text{ cm}$

c) $A = \frac{1}{2} c \cdot h_c \approx 46{,}8\text{ cm}^2$

2

a) —

b) $\gamma = 180° - 2\beta = 106°$; $a = \frac{c}{2\cos\beta} \approx 50{,}1\text{ cm}$; $h_c = \frac{c}{2} \cdot \tan\beta \approx 30{,}1\text{ cm}$

$A = \frac{1}{2} c \cdot h_c \approx 1204\text{ cm}^2$

3

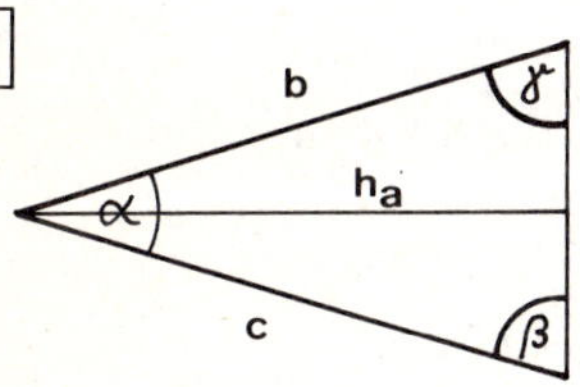

$\alpha = 180° - 2\gamma = 134°$

$\cos\gamma = \frac{\frac{a}{2}}{b} \Rightarrow a = 2b \cdot \cos\gamma \approx 47{,}9\text{ cm}$

$h_a = b \cdot \sin\gamma \approx 10{,}2\text{ cm}$

4

a) $b = c = d = 6{,}8\text{ cm}$

b) $\gamma = 118°$; $\beta = \delta = \frac{360° - 2\alpha}{2} = 62°$

c) $e = 2a \cdot \cos\frac{\alpha}{2} \approx 7{,}0\text{ cm}$; $f = 2a \cdot \sin\frac{\alpha}{2} \approx 11{,}7\text{ cm}$

d) $A = \frac{1}{2} ef \approx 40{,}95\text{ cm}^2$

5

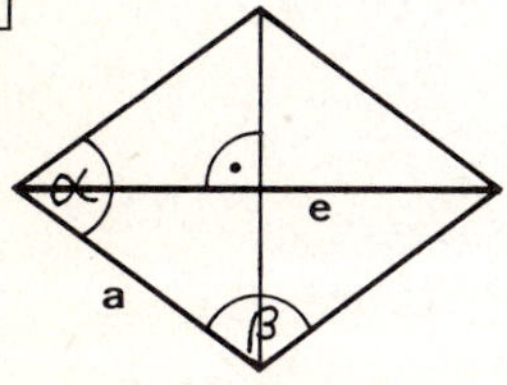

$\frac{f}{2} = \sqrt{a^2 - \left(\frac{e}{2}\right)^2} = 8{,}4\text{ cm}$, $f = 16{,}8\text{ cm}$

$\cos\frac{\alpha}{2} = \frac{e}{a} \Rightarrow \alpha \approx 144{,}4°$, $\gamma = \alpha$

$\sin\frac{\beta}{2} = \frac{e}{a} \Rightarrow \beta \approx 35{,}6°$, $\delta = \beta$

6

$$a = \sqrt{\left(\frac{e}{2}\right)^2 + \left(\frac{f}{2}\right)^2} = 41\text{ cm}$$

$$\tan\frac{\alpha}{2} = \frac{\frac{f}{2}}{\frac{e}{2}} = \frac{f}{e} \Rightarrow \alpha \approx 154{,}6°$$

$$\tan\frac{\beta}{2} = \frac{e}{f} \Rightarrow \beta \approx 25{,}4°$$

7

a) $\beta = 90° - \alpha = 28°$; $a = b \cdot \tan\alpha \approx 95{,}9$ cm; $c = \frac{b}{\cos\alpha} \approx 108{,}6$ cm

b) $h_c = b \cdot \sin\alpha \approx 45$ cm; $q = b \cdot \cos\alpha \approx 24$ cm

c) $p = c - q \approx 84{,}6$ cm

8

$a = \sqrt{c^2 - b^2} = 6{,}5$ cm; $\cos\alpha = \frac{b}{c}$, $\alpha \approx 42{,}1°$; $\sin\beta = \frac{b}{c}$, $\beta \approx 47{,}9°$
$h_c = b \cdot \sin\alpha \approx 4{,}8$ cm; $q = b \cdot \cos\alpha \approx 5{,}3$ cm; $p = c - q \approx 4{,}4$ cm

9

a) $h_a = d \cdot \sin\alpha \approx 6{,}0$ cm

b) $A = a \cdot h_a \approx 60\text{ cm}^2$

c) $u = 2a + 2d = 32{,}2$ cm

10

a) —

b) $\beta = 180° - \alpha = 125° = \delta$; $\gamma = \alpha$; $d = \frac{h_a}{\sin\alpha} \approx 46{,}4$ cm; $b = d$; $c = a$

11

a) $h_a = d \cdot \sin\alpha \approx 3{,}1$ cm

b) $b = \frac{h_a}{\sin\beta} \approx 4{,}0$ cm

c) $e = d \cdot \cos\alpha \approx 1{,}8$ cm; $f = b \cdot \cos\beta \approx 2{,}6$ cm; $c = a - e - f \approx 3{,}0$ cm

3. Aufgaben aus der Vermessung

1

$\tan\alpha = \frac{h}{s} \Rightarrow \alpha \approx 18{,}9°$

2

$h = 1{,}7\text{ m} + x;\quad x = 60\text{ m} \cdot \tan 28° \approx 31{,}9\text{ m} \Rightarrow h \approx 33{,}6\text{ m}$

3

$h = x + y;\quad x = 84\text{ m} \cdot \tan 9° \approx 13{,}3\text{ m};\quad y = 84\text{ m} \cdot \tan 36° \approx 61{,}0\text{ m} \Rightarrow h \approx 74{,}3\text{ m}$

4

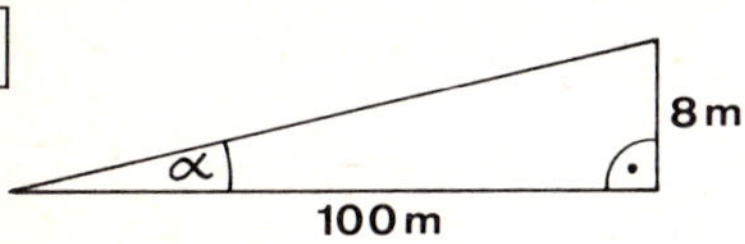

$\tan\alpha = \frac{8}{100} = 0{,}08;\quad \alpha \approx 4{,}6°$

5

$\overline{AC} = \overline{AB} \cdot \tan\beta \approx 62{,}1\text{ m}$

4. Berechnungen an Körpern

1

a) $\tan\alpha = \frac{b}{a};\quad a \approx 53{,}1°$

b) $d = \sqrt{a^2 + b^2} = 50\text{ cm};\quad \tan\beta = \frac{c}{d},\ \beta \approx 21{,}8°$

2

$\tan\alpha = \frac{9\text{ m} - 7\text{ m}}{3\text{ m}},\ \alpha \approx 33{,}7°$

3

a) $s = \sqrt{h^2 + \left(\frac{a}{2}\right)^2} \approx 5{,}8\text{ cm};\quad \tan\alpha = \frac{h}{\frac{a}{2}},\ \alpha \approx 59°$

b) $d = a\sqrt{2} \approx 8{,}5$ cm; $k = \sqrt{h^2 + \left(\frac{d}{2}\right)^2} \approx 6{,}6$ cm

$\tan\beta = \frac{h}{\frac{d}{2}}$, $\beta \approx 49{,}6°$

4

$h = \frac{a}{2} \cdot \tan\alpha \approx 5{,}0$ m

5

$\sin\alpha = \frac{h}{s}$; $\alpha \approx 46{,}4°$

6

$\tan\frac{\gamma}{2} = \frac{\frac{d}{2}}{h}$, $\gamma \approx 34{,}5°$

Test

1

a) $c = \sqrt{b^2 - a^2} \approx 8{,}0$ cm; $\sin\alpha = \frac{a}{b}$, $\alpha \approx 18°$; $\cos\gamma = \frac{a}{b}$, $\gamma = 72°$

b) $\gamma = 90° - \alpha = 63°$; $a = c \cdot \tan\alpha \approx 27{,}0$ cm; $b = \frac{c}{\cos\gamma} \approx 59{,}5$ cm

c) $b = \sqrt{a^2 + c^2} \approx 10{,}1$ cm; $\tan\alpha = \frac{a}{c}$, $\alpha \approx 26{,}6°$; $\tan\gamma = \frac{c}{a}$, $\gamma \approx 63{,}4°$

d) $\alpha = 90° - \gamma = 58°$; $a = b \cdot \cos\gamma \approx 30{,}5$ cm; $c = b \cdot \sin\gamma \approx 19{,}1$ cm

2

$e = 2a \cdot \cos\frac{\alpha}{2} \approx 4{,}6$ cm; $f = 2a \cdot \sin\frac{\alpha}{2} \approx 6{,}6$ cm

3

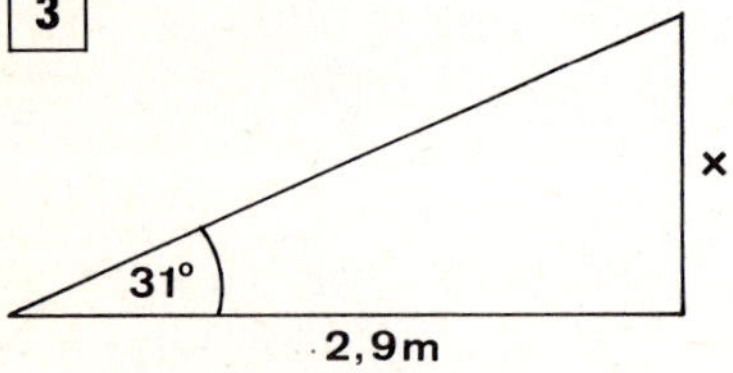

$x = 2{,}9\text{ m} \cdot \tan 31° \approx 1{,}74$ m

4

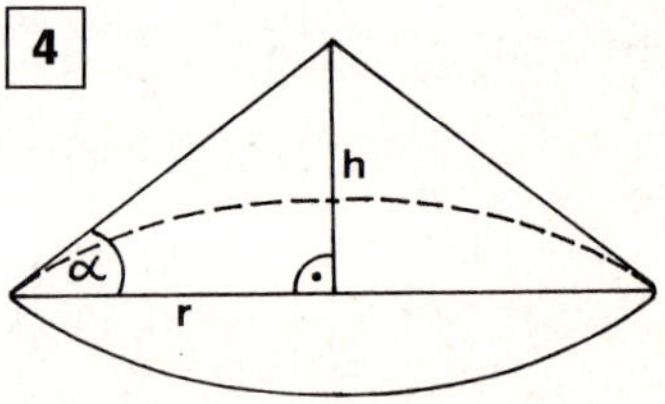

$\tan\alpha = \frac{h}{r}$, $\alpha \approx 51{,}3°$

III. Die Graphen der Winkelfunktionen

1. Betrachtungen am Einheitskreis

1

a) $x = \cos 40°$; $y = \sin 40°$ **b)** $x \approx 0{,}77$ dm; $y \approx 0{,}64$ dm

2

$x \approx -0{,}77$ dm; $y \approx 0{,}64$ dm; das Vorzeichen von x

3

a) $\sin 50° \approx 0{,}77$; $\cos 50° \approx 0{,}64$; $\sin 130° \approx 0{,}77$; $\cos 130° \approx -0{,}64$;
$\sin 230° \approx -0{,}77$; $\cos 230° \approx -0{,}64$; $\sin 310° \approx -0{,}77$; $\cos 310° \approx 0{,}64$

b) $\sin 230° = \sin 310°$; $\cos 50° = \cos 310°$; $\cos 130° = \cos 230°$

c)

α	50°	130°	230°	310°
Quadrant	1.	2.	3.	4.
$\sin\alpha$	+	+	−	−
$\cos\alpha$	+	−	−	+

4

a) — **b)** $\sin 230° = -\sin 50° = -\sin(230° - 180°)$

c) $x' = x$; $y' = -y$; $\sin 310° = -\sin 50° = -\sin(360° - 310°)$

5

a) $\sin 246°$
$= -\sin(246° - 180°)$
$= -\sin 66°$
$\approx -0{,}9135$

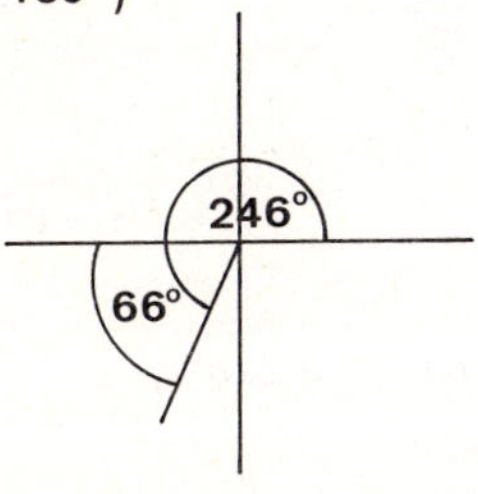

b) $\cos 165°$
$= -\cos(180° - 165°)$
$= -\cos 15°$
$\approx -0{,}9659$

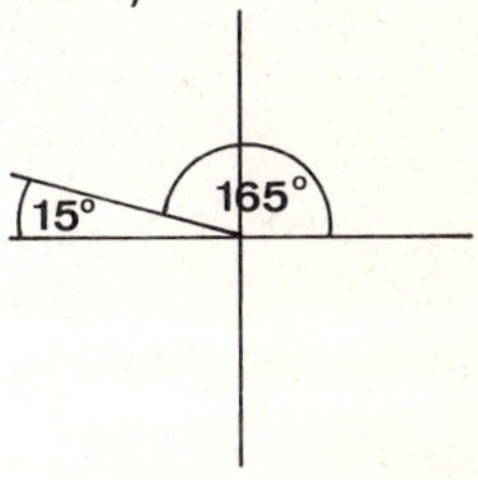

c) $\cos 250°$
$= -\cos(250° - 180°)$
$= -\cos 70°$
$\approx -0{,}3420$

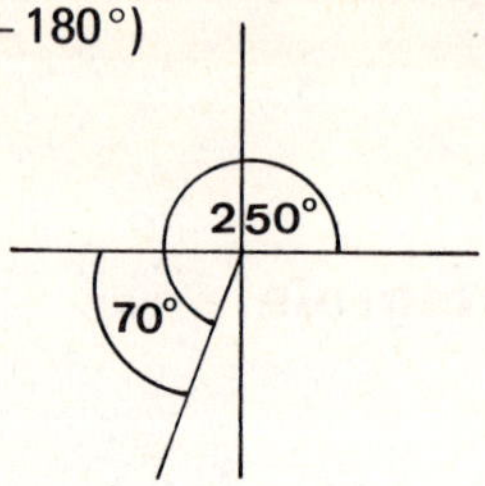

d) $\sin 150°$
$= \sin(180° - 150°)$
$= \sin 30°$
$= 0{,}5$

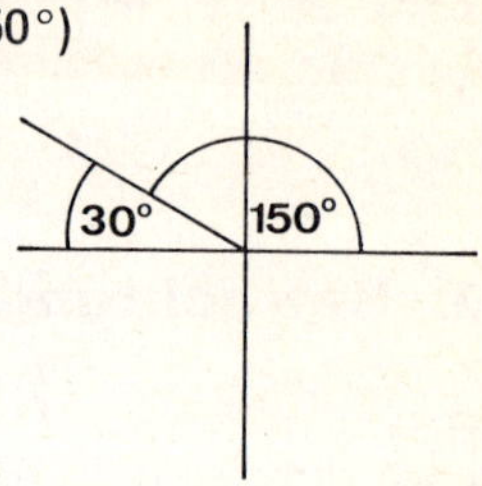

6

a) $-0{,}7071$ **b)** $-0{,}1736$ **c)** $0{,}4384$ **d)** $0{,}9336$

e) $-0{,}7218$ **f)** $-0{,}4035$ **g)** $0{,}8100$ **h)** $-0{,}9863$

7

a) 65° oder 115°; 25° oder 155°; 11° oder 169°; 62° oder 118°;
43° oder 137°; 30° oder 150°; 60° oder 120°; 49° oder 131°

b) 77° oder 283°; 53° oder 307°; 166° oder 194°; 140° oder 220°;
54° oder 306°; 120° oder 240°; 69° oder 291°; 117° oder 243°

2. Sinuskurve und Kosinuskurve

1

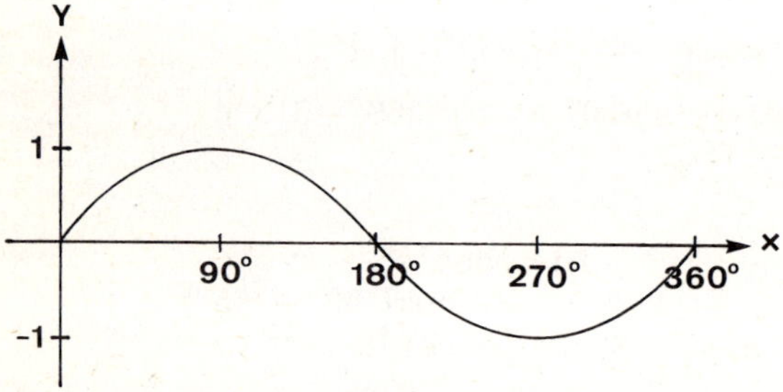

2

a) 0°, 180°, 360° **b)** 90°, 270°

c) $180° < \alpha < 360°$; 3. und 4. Quadrant

3

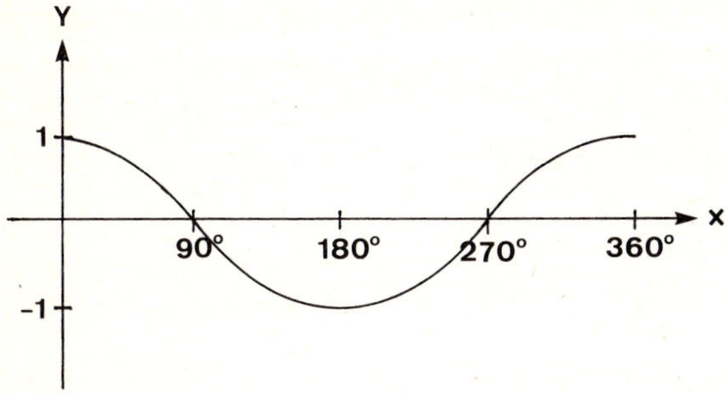

0: $\alpha = 90°$ oder $270°$
1: $\alpha = 0°$ oder $360°$
-1: $\alpha = 180°$

4

$\sin 410° \approx 0{,}7660$; $50°$

5

a) $\sin 500° = \sin 140° = \sin 40° \approx 0{,}6428$

b) $\cos 440° = \cos 80° = \cos 280° \approx 0{,}1736$

c) $\cos 600° = \cos 240° = \cos 120° \approx -0{,}5$

d) $\sin 645{,}2° = \sin 285{,}2° = \sin 254{,}8° \approx -0{,}9650$

e) $\cos 519{,}7° = \cos 159{,}7° = \cos 200{,}3° \approx -0{,}9379$

f) $\sin 401{,}8° = \sin 41{,}8° = \sin 138{,}2° \approx 0{,}6665$

6

—; ja

7

$\sin 110° = \cos 20° \approx 0{,}9397$; $\sin 111° = \cos 21° \approx 0{,}9336$;
$\sin 112° = \cos 22° \approx 0{,}9272$; ja

8

um $90°$

3. Die Winkelfunktionen im Bogenmaß

1

a) $b \approx 3{,}5$ cm **b)** $b' \approx 4{,}2$ cm

c) $\frac{b}{r} \approx \frac{3{,}5 \text{ cm}}{5 \text{ cm}} = 0{,}7$; $\frac{b'}{r'} \approx \frac{4{,}2 \text{ cm}}{6 \text{ cm}} = 0{,}7$

2

$\frac{\pi}{6}$; $\frac{\pi}{4}$; $\frac{\pi}{3}$; $\frac{\pi}{2}$; $\frac{3\pi}{4}$; π; $\frac{7\pi}{6}$; $\frac{5\pi}{4}$; $\frac{3\pi}{2}$; $\frac{5\pi}{3}$; 2π

3 15°; 150°; 96°; 220°; 270°; 114,6°; 149,0°; 243,5°

4

a) −0,5878 **b)** 0 **c)** −0,4161 **d)** −0,4425

e) 0,1559 **f)** 0 **g)** 1 **h)** 0,9659

5

a) 0,7854 (45°) oder 0,7854 + 2π (405°)

b) 0,5236 (30°) oder 0,5236 + 2π (390°)

c) 0,349 (20°) oder 0,349 + 2π (380°)

d) 2,6179 (150°) oder 2,6179 + 2π (510°)

e) 1,0472 (60°) oder 1,0472 + 2π (420°)

f) 1,3089 (75°) oder 1,3089 + 2π (435°)

6

a)

x	$\frac{\pi}{4}$	$\frac{\pi}{2}$	$\frac{3\pi}{4}$	π	$\frac{5\pi}{4}$	$\frac{3\pi}{2}$	$\frac{7\pi}{4}$	2π
sin x	0,7071	1	0,7071	0	−0,7071	−1	−0,7071	0

b)

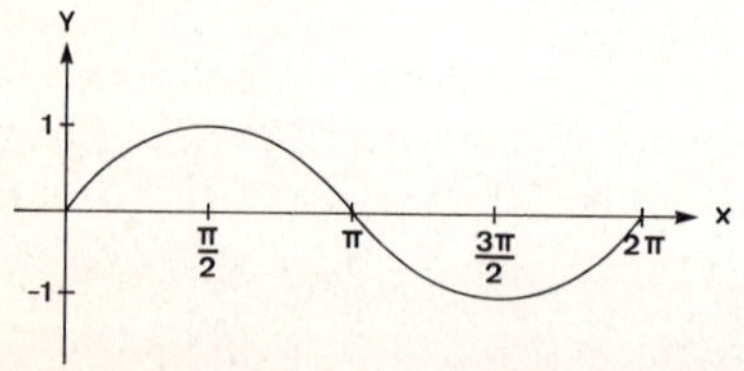

c) 0: 0, π, 2π

1: $\frac{\pi}{2}$

−1: $\frac{3\pi}{2}$

7

a)

x	$\frac{\pi}{4}$	$\frac{\pi}{2}$	$\frac{3\pi}{4}$	π	$\frac{5\pi}{4}$	$\frac{3\pi}{2}$	$\frac{7\pi}{4}$	2π
cos x	0,7071	0	−0,7071	−1	−0,7071	0	0,7071	1

b)

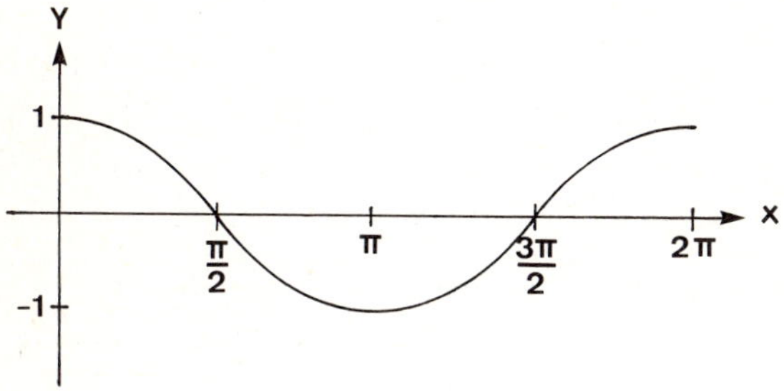

c) 0: $\frac{\pi}{2}, \frac{3\pi}{2}$

1: 0, 2π

−1: π

8

2π Einheiten; um $\frac{\pi}{2}$ Einheiten

9

a) $45°\left(\frac{\pi}{4}\right)$; $405°\left(\frac{9\pi}{4}\right)$; $765°\left(\frac{17\pi}{4}\right)$; $1125°\left(\frac{25\pi}{4}\right)$

b) $30°\left(\frac{\pi}{6}\right)$; $390°\left(\frac{13\pi}{6}\right)$; $750°\left(\frac{25\pi}{6}\right)$; $1110°\left(\frac{37\pi}{6}\right)$

4. Die Tangens- und Kotangensfunktion

1

a) $\cos\alpha = \frac{\text{Ankathete}}{\text{Hypotenuse}}$; $\tan\alpha = \frac{\text{Gegenkathete}}{\text{Ankathete}}$

b) $$\frac{\sin\alpha}{\cos\alpha} = \frac{\frac{\text{Gegenkathete}}{\text{Hypotenuse}}}{\frac{\text{Ankathete}}{\text{Hypotenuse}}} = \frac{\text{Gegenkathete}}{\text{Ankathete}} = \tan\alpha$$

$$\frac{\cos\alpha}{\sin\alpha} = \frac{\frac{\text{Ankathete}}{\text{Hypotenuse}}}{\frac{\text{Gegenkathete}}{\text{Hypotenuse}}} = \frac{\text{Ankathete}}{\text{Gegenkathete}} = \cot\alpha$$

c) $\frac{1}{\cot\alpha} = \frac{1}{\frac{\cos\alpha}{\sin\alpha}} = \frac{\sin\alpha}{\cos\alpha} = \tan\alpha$

2

Quadrant	1.	2.	3.	4.
Winkel im Gradmaß im Bogenmaß	$0° < \alpha < 90°$ $0 < x < \frac{\pi}{2}$	$90° < \alpha < 180°$ $\frac{\pi}{2} < x < \pi$	$180° < \alpha < 270°$ $\pi < x < \frac{3\pi}{2}$	$270° < \alpha < 360°$ $\frac{3\pi}{2} < x < 2\pi$
Sinus	+	+	−	−
Kosinus	+	−	−	+
Tangens	+	−	+	−
Kotangens	+	−	+	−

3

Gradmaß	0°	30°	60°	90°	120°	150°	180°
Bogenmaß	0	$\frac{\pi}{6}$	$\frac{\pi}{3}$	$\frac{\pi}{2}$	$\frac{2\pi}{3}$	$\frac{5\pi}{6}$	π
$\tan\alpha$	0	0,5774	1,7321	×	−1,7321	−0,5774	0
$\cot\alpha$	×	1,7321	0,5774	0	−0,5774	−1,7321	×

Gradmaß	210°	240°	270°	300°	330°	360°
Bogenmaß	$\frac{7\pi}{6}$	$\frac{4\pi}{3}$	$\frac{3\pi}{2}$	$\frac{5\pi}{3}$	$\frac{11\pi}{6}$	2π
$\tan\alpha$	0,5774	1,7321	×	−1,7321	−0,5774	0
$\cot\alpha$	1,7321	0,5774	0	−0,5774	−1,7321	×

4

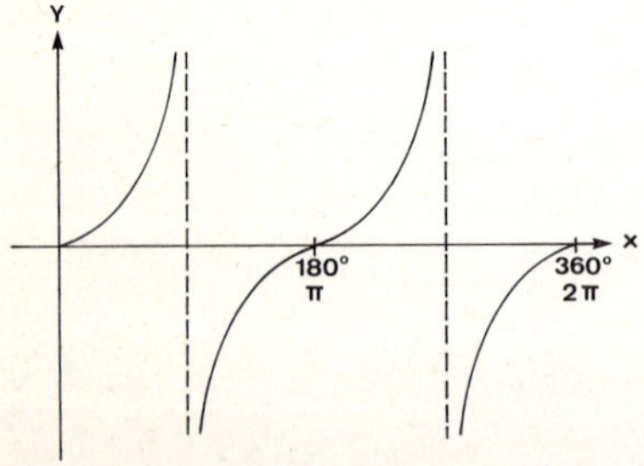

$\tan 80° \approx 5{,}6713$
$\tan 100° \approx -5{,}6713$
$\tan 260° \approx 5{,}6713$
$\tan 280° \approx -5{,}6713$
Der Tangens ist für 90° und 270° nicht definiert.

5

siehe Aufgabe **3**; siehe im Buch Aufgabe **6**

6

a) $180°$ **b)** π Einheiten

7

a) $\tan\frac{\pi}{4} = \tan\frac{5\pi}{4} = \tan\frac{9\pi}{4} = 1$ $\cot\frac{\pi}{4} = \cot\frac{5\pi}{4} = \cot\frac{9\pi}{4} = 1$

b) $\frac{\pi}{2}$: $\frac{3\pi}{2}$, $\frac{5\pi}{2}$; $\frac{3\pi}{4}$: $\frac{7\pi}{4}$, $\frac{11\pi}{4}$

$\frac{5\pi}{7}$: $\frac{12\pi}{7}$, $\frac{19\pi}{7}$; $\frac{\pi}{8}$: $\frac{9\pi}{8}$, $\frac{17\pi}{8}$

8

a) $\tan 36° = \tan 216° = \tan 396° \approx 0{,}7265$

b) 110°: 290°, 470° 85,6°: 265,6°, 445,6°

$20\frac{1}{2}°$: $200\frac{1}{2}°$, $380\frac{1}{2}°$ 75°: 255°, 435°

9

a) $\alpha \approx 58°$ **b)** 238°, 418°, 598°

10

a) $\alpha = 106°$; 286°; 466° $(x \approx 1{,}85;\ 1{,}85+\pi;\ 1{,}85+2\pi)$

b) $\alpha = 70{,}2°$; 250,2°; 430,2° $(x \approx 1{,}23;\ 1{,}23+\pi;\ 1{,}23+2\pi)$

c) $\alpha = 135°$; 315°; 495° $\left(x \approx \frac{3\pi}{4};\ \frac{7\pi}{4};\ \frac{11\pi}{4}\right)$

d) $\alpha = 85{,}6°$; 265,6°; 445,6° $(x \approx 1{,}49;\ 1{,}49+\pi;\ 1{,}49+2\pi)$

e) $\alpha = 11{,}3°$; 191,3°; 371,3° $(x \approx 0{,}20;\ 0{,}20+\pi;\ 0{,}20+2\pi)$

f) $\alpha = 153{,}4°$; 333,4°; 513,4° $(x \approx 2{,}68;\ 2{,}68+\pi;\ 2{,}68+2\pi)$

11

a) $\tan\frac{10\pi}{3} = \tan\left(\frac{10\pi}{3} - 3\pi\right) = \tan\frac{\pi}{3} \approx 1{,}7321$

b) $\cot 600° = \cot(600° - 3\cdot 180°) = \cot 60° \approx 0{,}5774$

c) $\tan 585° = \tan(585° - 3 \cdot 180°) = \tan 45° = 1$

d) $\cot 4{,}75\pi = \cot(4{,}75\pi - 4\pi) = \cot 0{,}75\pi = -1$

Test

1

a) $\sin 65° \approx 0{,}91; \quad \cos 65° \approx 0{,}42$

b) $\sin 65° = \sin 115° = -\sin 245° = -\sin 295°$
$\cos 65° = -\cos 115° = -\cos 245° = \cos 295°$

c) $\sin 1{,}13 = \sin(\pi - 1{,}13) = -\sin(\pi + 1{,}13) = -\sin(2\pi - 1{,}13)$
$\cos 1{,}13 = -\cos(\pi - 1{,}13) = -\cos(\pi + 1{,}13) = \cos(2\pi - 1{,}13)$

2

a) $x \approx 1{,}236 \ (\alpha \approx 70{,}8°)$

b) $x \approx 1{,}257 \ (\alpha \approx 72°)$

c) $x \approx 1{,}107 \ (\alpha \approx 63{,}4°)$

d) $x \approx 1{,}80 \ \ (\alpha \approx 103{,}2°)$

3

b) und **c)**

4

a) $\sin 750° = \sin(750° - 2 \cdot 360°) = \sin 30° = 0{,}5$

b) $\sin 480° = \sin(480° - 360°) = \sin 120° = \sin 60° = \frac{1}{2}\sqrt{3}$

c) $\tan \frac{13\pi}{6} = \tan\left(\frac{13\pi}{6} - 2\pi\right) = \tan \frac{\pi}{6} = \frac{1}{3}\sqrt{3}$

d) $\tan 3{,}8\overline{3}\pi = \tan(3{,}8\overline{3}\pi - 3\pi) = \tan 0{,}8\overline{3}\pi = \tan \frac{5\pi}{6} = -\frac{1}{3}\sqrt{3}$

IV. Sinussatz und Kosinussatz und deren Anwendungen

1. Der Sinussatz

1

a)

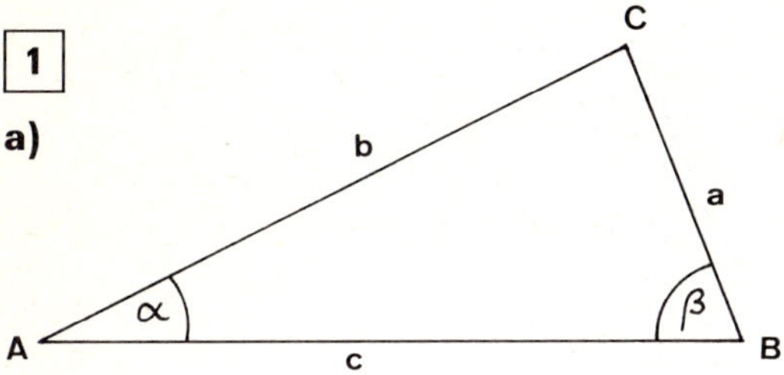

$\alpha \approx 28°$

b) $\frac{\alpha}{\beta} \approx \frac{28°}{70°} \neq \frac{1}{2}$ Nein!

c) $\frac{\sin\alpha}{\sin\beta} \approx \frac{0{,}4695}{0{,}9397} \approx \frac{1}{2}$

2

a) — **b)** — **c)** $\sin\beta = \frac{h_c}{a} \Rightarrow h_c = a \cdot \sin\beta$

d) — **e)** $\sin\alpha = \frac{a}{b} \sin\beta \approx 0{,}4698 \Rightarrow \alpha \approx 28°$

3

$h_b = a \cdot \sin\gamma = c \cdot \sin\alpha \Rightarrow \frac{a}{c} = \frac{\sin\alpha}{\sin\gamma}$

4

a) — **b)** —

c) $h_c = a \cdot \sin\beta$; $h_c = b \cdot \sin\alpha' = b \cdot \sin\alpha \Rightarrow a \cdot \sin\beta = b \cdot \sin\alpha \Rightarrow \frac{a}{b} = \frac{\sin\alpha}{\sin\beta}$

5

a) β: $\sin\beta = \frac{b}{a} \cdot \sin\alpha$

b) $\sin\beta \approx 0{,}6712 \Rightarrow \beta \approx 42{,}2°$ oder $\beta \approx 137{,}8°$

c) — **d)** $\gamma = 180° - \alpha - \beta \approx 67{,}8°$

e) $\frac{a}{c} = \frac{\sin\alpha}{\sin\gamma} \Rightarrow c = \frac{a \cdot \sin\gamma}{\sin\alpha} \approx 6{,}9$ cm

6

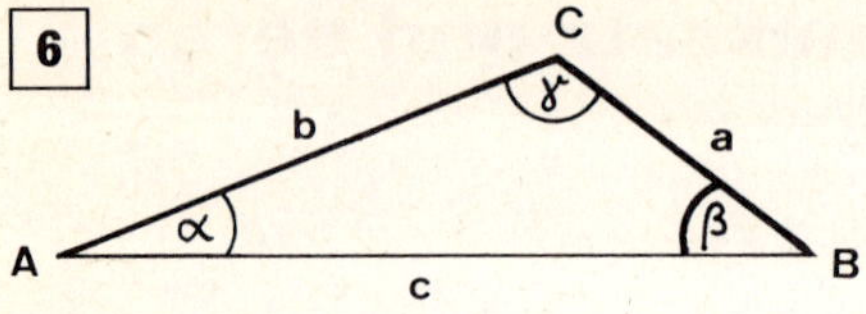

$\sin\alpha = \frac{a}{b}\sin\beta;\quad \alpha \approx 18{,}6°$

$\gamma = 180° - \alpha - \beta \approx 127{,}4°$

$c = \frac{b \cdot \sin\gamma}{\sin\beta} \approx 9{,}9\text{ cm}$

7

a) $\sin\alpha = \frac{a}{b}\sin\beta \approx 0{,}8856$

b) $\alpha \approx 62{,}3°$ oder $\alpha \approx 117{,}7°$; $\alpha + \beta \approx 104{,}3°$ oder $159{,}7°$,
d.h. beide Lösungen sind möglich

c) $\alpha \approx 62{,}3°$: $\gamma = 180° - \beta - \alpha \approx 75{,}7°$; $c = \frac{b \cdot \sin\gamma}{\sin\beta} \approx 9{,}8\text{ cm}$

$\alpha \approx 117{,}7°$: $\gamma = 180° - \beta - \alpha \approx 20{,}3°$; $c \approx 3{,}5\text{ cm}$

8

a) $\sin\alpha = \frac{a}{b}\sin\beta \approx 1{,}0383$ **b)** Nein! **c)** –

9

a) $\sin\alpha = \frac{a}{c}\sin\gamma \Rightarrow \alpha \approx 46°$ (oder $\alpha \approx 134°$, zu groß)

$\beta = 180° - \alpha - \gamma \approx 64°$; $b = \frac{c \cdot \sin\beta}{\sin\gamma} \approx 28{,}7\text{ cm}$

b) $\sin\gamma = \frac{c}{b}\sin\beta \Rightarrow \gamma \approx 40°$ (oder $\gamma \approx 140°$, zu groß)

$\alpha = 180° - \beta - \gamma \approx 81°$; $a = \frac{b \cdot \sin\alpha}{\sin\beta} \approx 4{,}1\text{ m}$

c) $\sin\alpha = \frac{a}{b}\sin\beta \approx 1{,}5396$ Es gibt keinen Winkel α und daher kein derartiges Dreieck!

d) $\sin\gamma = \frac{c}{b}\sin\beta \Rightarrow \gamma \approx 52{,}1°$ oder $\gamma \approx 127{,}9°$

$\gamma \approx 52{,}1°$: $\alpha = 180° - \beta - \gamma \approx 92{,}9°$; $a = \frac{b \cdot \sin\alpha}{\sin\beta} \approx 13{,}9\text{ dm}$

$\gamma \approx 127{,}9°$: $\alpha \approx 17{,}1°$; $a \approx 4{,}1\text{ dm}$

10

a) $b = \frac{a \cdot \sin\beta}{\sin\alpha} \approx 5{,}6\text{ cm}$ **b)** $\gamma = 180° - \alpha - \beta = 57°$

c) $c = \frac{a \cdot \sin\gamma}{\sin\alpha} \approx 5{,}0\text{ cm}$

11

a) $a = \frac{b \cdot \sin\alpha}{\sin\beta} \approx 54{,}9\ \text{m}$; $\gamma = 180° - \alpha - \beta = 64°$; $c = \frac{b \cdot \sin\gamma}{\sin\beta} \approx 53{,}6\ \text{m}$

b) $a = \frac{c \cdot \sin\alpha}{\sin\gamma} \approx 5{,}4\ \text{km}$; $\beta = 39°$; $b = \frac{c \cdot \sin\beta}{\sin\gamma} \approx 4{,}3\ \text{km}$

c) $a = \frac{b \cdot \sin\alpha}{\sin\beta} \approx 18{,}9\ \text{cm}$; $\gamma = 87°$; $c = \frac{b \cdot \sin\gamma}{\sin\beta} \approx 32{,}1\ \text{cm}$

d) $b = \frac{c \cdot \sin\beta}{\sin\gamma} \approx 519{,}2\ \text{m}$; $\alpha = 61°$; $a = \frac{c \cdot \sin\alpha}{\sin\gamma} \approx 455{,}9\ \text{m}$

12

a) Nein, γ ist weder Gegenwinkel von a noch von b.

b) Nein, es ist kein Winkel gegeben.

2. Der Kosinussatz

1

a) $b^2 = h_c{}^2 + x^2$; $a^2 = h_c{}^2 + (c - x)^2$

b) $h_c{}^2 = b^2 - x^2$; $a^2 = b^2 - x^2 + (c - x)^2$

c) $a^2 = b^2 - x^2 + (c - x)^2 = b^2 - x^2 + c^2 - 2cx + x^2 = b^2 + c^2 - 2cx$

d) $\cos\alpha = \frac{x}{b} \Rightarrow x = b \cdot \cos\alpha$ **e)** –

2

a) $b^2 = h_a{}^2 + x^2$; $c^2 = h_a{}^2 + (a - x)^2$

b) $h_a{}^2 = b^2 - x^2$; $c^2 = b^2 - x^2 + (a - x)^2 = b^2 - x^2 + a^2 - 2ax + x^2 = a^2 + b^2 - 2ax$

c) $x = b \cdot \cos\gamma$; $c^2 = a^2 + b^2 - 2ab \cdot \cos\gamma$

3

a) $b^2 = h_c{}^2 + (c + x)^2$; $a^2 = h_c{}^2 + x^2$

b) $h_c{}^2 = a^2 - x^2$; $b^2 = a^2 - x^2 + (c + x)^2 = a^2 + c^2 + 2cx$

c) $\cos\beta' = \frac{x}{a}$; $x = a \cdot \cos\beta'$ **d)** –

4 $\triangle ABD$: $a^2 = d^2 + f^2 - 2df\cos\frac{\delta}{2}$; $d^2 = a^2 + f^2 - 2af\cos\frac{\beta}{2}$

$f^2 = a^2 + d^2 - 2ad\cos\alpha$

$\triangle BCD$: $b^2 = c^2 + f^2 - 2cf\cos\frac{\delta}{2}$; $c^2 = b^2 + f^2 - 2bf\cos\frac{\beta}{2}$

$f^2 = b^2 + c^2 - 2bc\cos\gamma$

5

$$c = \sqrt{a^2 + b^2 - 2ab\cos\gamma} = \sqrt{85 - 84\cos 70°} \approx 7{,}5 \text{ cm}$$

6

a) $b = \sqrt{a^2 + c^2 - 2ac\cos\beta} = \sqrt{38{,}6 - 35{,}36\cos 47°} \approx 3{,}8 \text{ cm}$

b) $a = \sqrt{b^2 + c^2 - 2bc\cos\alpha} = \sqrt{9973 - 9348\cos 66°} \approx 78{,}6 \text{ cm}$

c) Berechnung nicht möglich, da γ nicht gegeben.

d) $b = \sqrt{a^2 + c^2 - 2ac\cos\beta} = \sqrt{52{,}42 - 47{,}58\cos 100°} \approx 7{,}8 \text{ cm}$

7

a)
$$\begin{aligned} a^2 &= b^2 + c^2 - 2bc\cos\alpha \quad &&| -b^2 - c^2 \\ a^2 - b^2 - c^2 &= -2bc\cos\alpha &&| :(-2bc) \\ \frac{b^2 + c^2 - a^2}{2bc} &= \cos\alpha \end{aligned}$$

b) $\cos\alpha = \frac{96{,}25}{119} \approx 0{,}8088$; $\alpha \approx 36°$

c) $\cos\beta = \frac{a^2 + c^2 - b^2}{2ac} \approx \frac{48{,}25}{85} \approx 0{,}5676$; $\beta \approx 55{,}4°$

$\cos\gamma = \frac{a^2 + b^2 - c^2}{2ab} \approx 0{,}025$; $\gamma \approx 88{,}6°$

8

a) $\cos\alpha = \frac{b^2 + c^2 - a^2}{2bc} \approx 0{,}9784$; $\alpha \approx 11{,}9°$

$\cos\beta = \frac{a^2 + c^2 - b^2}{2ac} \approx -0{,}9318$; $\beta \approx 158{,}7°$

$\cos\gamma = \frac{a^2 + b^2 - c^2}{2ab} \approx 0{,}9867$; $\gamma \approx 9{,}4°$

b) $\cos\alpha = \frac{b^2 + c^2 - a^2}{2bc} \approx -0{,}6430$; $\alpha \approx 130°$

$\cos\beta = \frac{a^2 + c^2 - b^2}{2ac} \approx 0{,}9507$; $\beta \approx 18{,}1°$

$\cos\gamma = \frac{a^2 + b^2 - c^2}{2ab} \approx 0{,}8487$; $\gamma \approx 31{,}9°$

9

a)

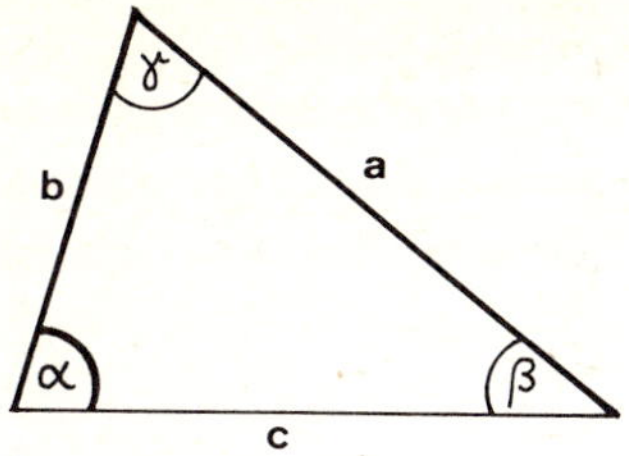

Es fehlt die Angabe von γ oder c.
Lösung mit Hilfe des Sinussatzes:

$\sin\beta = \frac{b \cdot \sin\alpha}{a}$; $\quad \beta \approx 27{,}1°$

$\gamma = 180° - \alpha - \beta \approx 114{,}9°$

$c = \frac{a \cdot \sin\gamma}{\sin\alpha} \approx 33{,}9\ \text{cm}$

b)

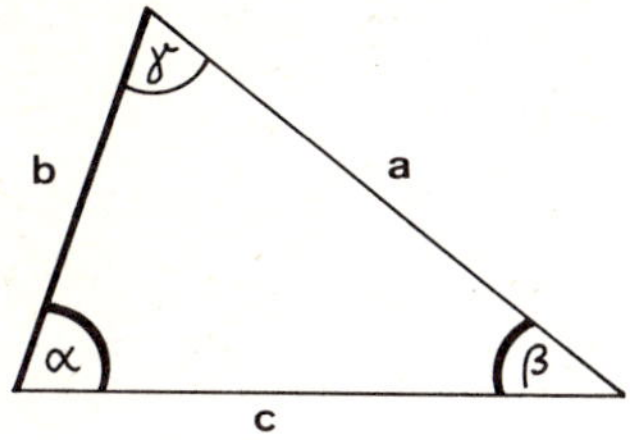

Es fehlt die Angabe von c.
Lösung mit Hilfe des Sinussatzes:

$a = \frac{b \cdot \sin\alpha}{\sin\beta} \approx 12{,}2\ \text{cm}$; $\quad \gamma \approx 110°$

$c = \frac{b \cdot \sin\gamma}{\sin\beta} \approx 17{,}4\ \text{cm}$

10

a) $c = \sqrt{a^2 + b^2 - 2ab\cos\gamma} = \sqrt{596 - 560\cos 74°} \approx 21{,}0\ \text{cm}$

b) Kosinussatz: $\cos\alpha = \frac{b^2 + c^2 - a^2}{2bc} \approx 0{,}4031$; $\quad \alpha \approx 66{,}2°$

Sinussatz: $\sin\alpha = \frac{a}{c}\sin\gamma$; $\quad \alpha \approx 66{,}3°$

Die Unterschiedlichkeit der beiden Ergebnisse resultiert aus der Verwendung gerundeter Zwischenergebnisse.

c) $\beta = 180° - \gamma - \alpha \approx 39{,}8°$ bzw. $39{,}7°$

11

a) $a = \sqrt{b^2 + c^2 - 2bc\cos\alpha} = \sqrt{5480 - 5336\cos 42°} \approx 38{,}9\ \text{m}$

$\cos\beta = \frac{a^2 + c^2 - b^2}{2ac} \approx 0{,}0741$; $\quad \beta \approx 85{,}7°$; $\quad \gamma = 180° - \alpha - \beta \approx 52{,}3°$

b) $\cos\alpha = \frac{b^2 + c^2 - a^2}{2bc} \approx -0{,}3280$; $\quad \alpha \approx 109{,}1°$

$\cos\beta = \frac{a^2 + c^2 - b^2}{2ac} \approx 0{,}9071$; $\quad \beta \approx 24{,}9°$; $\quad \gamma = 180° - \alpha - \beta \approx 46°$

c) $b = \sqrt{a^2 + c^2 - 2ac\cos\beta} = \sqrt{331{,}25 - 319\cos 121°} \approx 22{,}3\ \text{dm}$

$\cos\alpha = \frac{b^2 + c^2 - a^2}{2bc} \approx 0{,}9070$; $\quad \alpha \approx 24{,}9°$;. $\quad \gamma = 180° - \alpha - \beta \approx 34{,}1°$

d) $c = \sqrt{a^2 + b^2 - 2ab\cos\gamma} = \sqrt{1250 - 1054\cos 25°} \approx 17{,}2\ \text{km}$

$\cos\alpha = \frac{b^2 + c^2 - a^2}{2bc} \approx 0{,}9076$; $\quad \alpha \approx 24{,}8°$; $\quad \beta = 180° - \alpha - \gamma \approx 130{,}2°$

12

a) $b^2 = a^2 + c^2 - 2ac\cos\beta$

b) $b = \sqrt{a^2 + c^2 - 2ac\cos\beta} = \sqrt{89} \approx 9{,}4$ cm; $2ac\cos\beta = 0$, da $\cos 90° = 0$.

c) rechtwinkliges Dreieck

3. Berechnung beliebiger Dreiecke

1

a) Kosinussatz

b) $c = \sqrt{a^2 + b^2 - 2ab\cos\gamma} = \sqrt{23{,}44 - 22{,}8\cos 104°} \approx 5{,}4$ cm

c) $\sin\alpha = \frac{a}{c}\sin\gamma \approx 0{,}5391$; $\alpha \approx 32{,}6°$

d) $\beta = 180° - \alpha - \gamma \approx 43{,}4°$

2

a) zwei Winkel, eine Seite

b) Winkelsumme: $\gamma = 180° - \alpha - \beta = 76°$

c) Sinussatz: $a = \frac{b \cdot \sin\alpha}{\sin\beta} \approx 25{,}4$ cm; $c = \frac{b \cdot \sin\gamma}{\sin\beta} \approx 27{,}7$ cm

3

a) –

b) Sinussatz: $\sin\beta = \frac{b}{c}\sin\gamma \approx 0{,}6575$; $\beta \approx 41{,}1°$ (oder 138,9°, zu groß)

c) $\alpha = 180° - \beta - \gamma \approx 64°$

d) Sinussatz: $a = \frac{c \cdot \sin\alpha}{\sin\gamma} \approx 34{,}7$ cm

4

a) zwei Seiten und der Gegenwinkel der kürzeren Seite

b) Sinussatz: $\sin\gamma = \frac{c \cdot \sin\alpha}{a}$; $\gamma \approx 68{,}6°$ oder $111{,}4°$

c) $\beta = 180° - \alpha - \gamma \approx 74{,}9°$ oder $32{,}1°$

d) Sinussatz: $b = \frac{a \cdot \sin\beta}{\sin\alpha} \approx 37{,}3$ cm oder 20,5 cm

5

a) Kosinussatz

$a = \sqrt{b^2 + c^2 - 2bc\cos\alpha} \approx 10{,}4$ cm

$\sin\beta = \frac{b \cdot \sin\alpha}{a}$; $\beta \approx 40{,}1°$

$\gamma = 180° - \alpha - \beta \approx 66{,}9°$

b) $\alpha = 180° - \beta - \gamma = 52°$

Sinussatz

$b = \frac{c \cdot \sin\beta}{\sin\gamma} \approx 32{,}3$ cm; $a = \frac{c \cdot \sin\alpha}{\sin\gamma} \approx 68{,}0$ cm

c) Kosinussatz

$\cos\alpha = \frac{b^2 + c^2 - a^2}{2bc}$; $\alpha \approx 46{,}0°$

$\sin\beta = \frac{b \cdot \sin\alpha}{a}$; $\beta = 62{,}8°$

$\gamma = 180° - \alpha - \beta \approx 71{,}2°$

d) Sinussatz

$\sin\alpha = \frac{a}{b}\sin\beta$; $\alpha \approx 23{,}8°$

$\gamma = 180° - \alpha - \beta \approx 91{,}2°$

$c = \frac{b \cdot \sin\gamma}{\sin\beta} \approx 1{,}0$ m

e) Kosinussatz

$c = \sqrt{a^2 + b^2 - 2ab\cos\gamma} \approx 10{,}4$ km

$\sin\alpha = \frac{a \cdot \sin\gamma}{c}$; $\alpha \approx 56{,}4°$

$\beta = 180° - \alpha - \gamma \approx 28{,}6°$

f) Sinussatz

$\sin\gamma = \frac{c}{b}\sin\beta \approx 1{,}4029$

Es gibt keinen Winkel γ und kein derartiges Dreieck.

g) $\beta = 180° - \alpha - \gamma = 62°$

Sinussatz

$a = \frac{b \cdot \sin\alpha}{\sin\beta} \approx 53{,}2$ m; $c = \frac{b \cdot \sin\gamma}{\sin\beta} \approx 70{,}3$ m

h) Sinussatz

$\sin\alpha = \frac{a}{c}\sin\gamma$; $\alpha \approx 43{,}8°$ oder $\alpha = 136{,}2°$

$\beta = 180° - \alpha - \gamma \approx 102{,}2°$ oder $9{,}8°$

$b = \frac{c \cdot \sin\beta}{\sin\gamma} \approx 36{,}7$ dm oder 6,4 dm

6

a) Sinussatz: $\sin\delta_1 = \frac{b \cdot \sin\gamma}{w_\alpha}$; $\delta_1 \approx 73{,}2°$; $\delta_2 = 180° - \delta_1 \approx 106{,}8°$

b) $\alpha_1 = 180° - \gamma - \delta_1 \approx 56{,}8° = \alpha_2 \Rightarrow \alpha = 113{,}6°$

c) $\beta = 180° - \alpha - \gamma \approx 16{,}4°$

d) $a = \frac{b \cdot \sin\alpha}{\sin\beta} \approx 16{,}2\ \text{cm}; \quad c = \frac{b \cdot \sin\gamma}{\sin\beta} \approx 13{,}6\ \text{cm}$

7

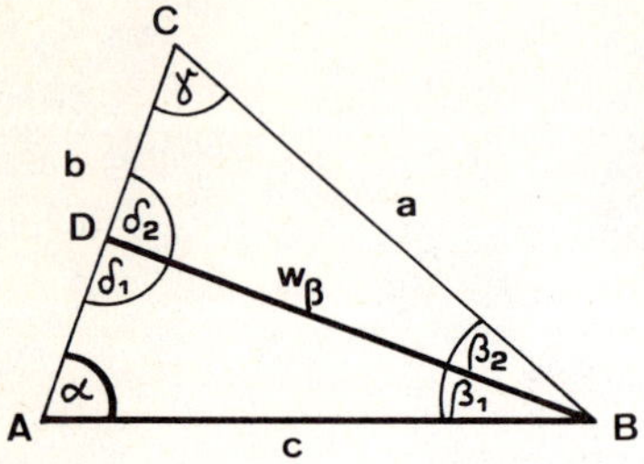

$\sin\delta_1 = \frac{c}{w_\beta} \sin\alpha; \quad \delta_1 \approx 82{,}2°$

$\beta_1 = \beta_2 = 180° - \alpha - \delta_1 \approx 49{,}8°; \quad \beta \approx 99{,}6°$

$\gamma = 180° - \alpha - \beta \approx 32{,}4°$

$a = \frac{c \cdot \sin\alpha}{\sin\gamma} \approx 11{,}1\ \text{cm}; \quad b = \frac{c \cdot \sin\beta}{\sin\gamma} \approx 14{,}7\ \text{cm}$

8

a) $a,\ s_b,\ \frac{b}{2}$

b) $s_b{}^2 = a^2 + \left(\frac{b}{2}\right)^2 - 2a\frac{b}{2}\cos\gamma; \quad \gamma \approx 33{,}9°$

c) Kosinussatz: $c = \sqrt{a^2 + b^2 - 2ab\cos\gamma} \approx 3{,}7\ \text{cm}$

d) $\sin\alpha = \frac{a \cdot \sin\gamma}{c}; \quad \alpha \approx 57{,}6°; \quad \beta = 180° - \alpha - \gamma \approx 88{,}5°$

9

a)

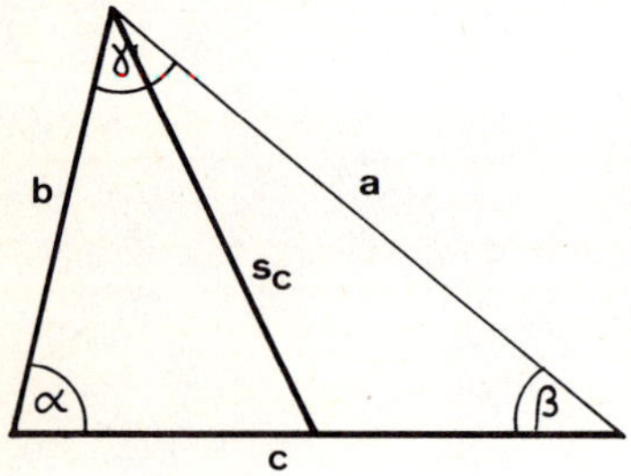

$\cos\alpha = \frac{b^2 + \left(\frac{c}{2}\right)^2 - s_c{}^2}{bc}; \quad \alpha \approx 55{,}8°$

$a = \sqrt{b^2 + c^2 - 2bc\cos\alpha} \approx 6{,}8\ \text{cm}$

$\sin\beta = \frac{b}{a} \sin\alpha; \quad \beta \approx 46{,}9°$

$\gamma = 180° - \alpha - \beta \approx 77{,}3°$

b)

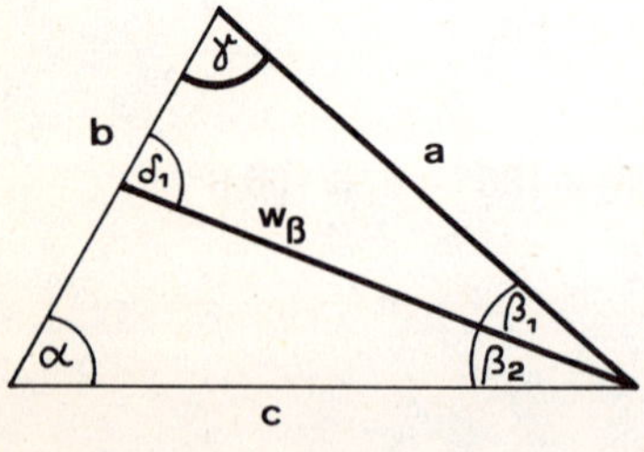

$\sin\delta_1 = \frac{a}{w_\beta} \sin\gamma; \quad \delta_1 \approx 78{,}8°$

$\beta_1 = \beta_2 = 180° - \gamma - \delta_1 \approx 51{,}2°; \quad \beta \approx 102{,}4°$

$\alpha = 180° - \beta - \gamma \approx 27{,}6°$

$b = \frac{a \cdot \sin\beta}{\sin\alpha} \approx 153{,}9\ \text{m}; \quad c = \frac{a \cdot \sin\gamma}{\sin\alpha} \approx 120{,}7\ \text{m}$

c)

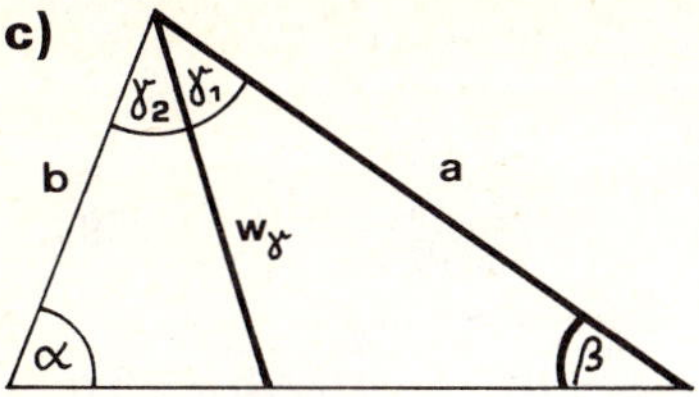

$\sin\delta_1 = \frac{a}{w_\gamma}\sin\beta;\quad \delta_1 \approx 86{,}8°$

$\gamma_1 = \gamma_2 = 180° - \beta - \delta_1 \approx 23{,}2°;\quad \gamma \approx 46{,}4°$

$\alpha = 180° - \beta - \gamma \approx 63{,}6°$

$b = \frac{a \cdot \sin\beta}{\sin\alpha} \approx 17{,}8\text{ cm};\quad c = \frac{a \cdot \sin\gamma}{\sin\alpha} \approx 13{,}7\text{ cm}$

d)

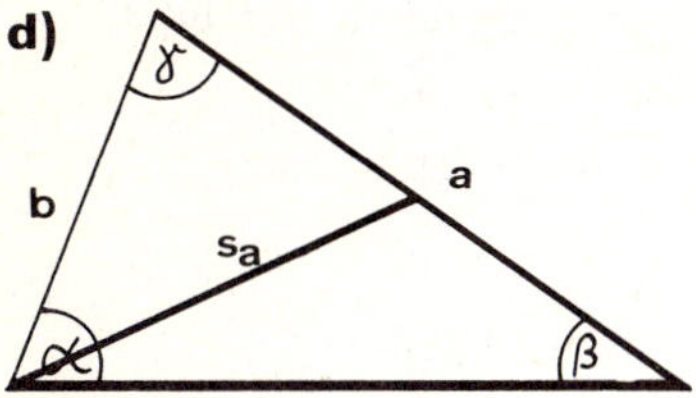

$\cos\beta = \frac{c^2 + \left(\frac{a}{2}\right)^2 - s_a{}^2}{ac};\quad \beta \approx 71{,}8°$

$b = \sqrt{a^2 + c^2 - 2ac\cos\beta} \approx 3{,}1\text{ m}$

$\sin\alpha = \frac{a}{b}\sin\beta;\quad \alpha \approx 78{,}7°$

$\gamma = 180° - \alpha - \beta \approx 29{,}5°$

10

a) $\sin\gamma_1 = \frac{a}{e}\sin\beta;\quad \gamma_1 \approx 55{,}3°;\quad \alpha_1 = 180° - \beta - \gamma_1 \approx 54{,}7°$

$b = \frac{e \cdot \sin\alpha_1}{\sin\beta} \approx 6{,}9\text{ cm}$

b) $\gamma = 180° - \beta = 110°$

c) $\delta = 180° - \alpha = 98°$

d) $\alpha_2 = \alpha - \alpha_1 \approx 27{,}3°;\quad c = \frac{e \cdot \sin\alpha_2}{\sin\delta} \approx 3{,}7\text{ cm}$

e) $\gamma_2 = \gamma - \gamma_1 \approx 54{,}7°$ (oder: γ_2 und α_1 sind Wechselwinkel)

$d = \frac{e \cdot \sin\gamma_2}{\sin\delta} \approx 6{,}6\text{ cm}$

f) $f = \sqrt{b^2 + c^2 - 2bc\cos\gamma} \approx 8{,}9\text{ cm}$

11

a) –

b) $\cos\beta = \frac{(\overline{A'B})^2 + b^2 - d^2}{2\overline{A'B}\,b};\quad \beta \approx 36{,}3°$

c) $\gamma = 180° - \beta \approx 143{,}7°;\quad f = \sqrt{c^2 + b^2 - 2bc\cos\gamma} \approx 12{,}4\text{ cm}$

$\cos\alpha = \frac{a^2 + d^2 - f^2}{2ad};\quad \alpha \approx 118{,}2°$

$\delta = 180° - \alpha \approx 61{,}8°;\quad e = \sqrt{a^2 + b^2 - 2ab\cos\beta} \approx 6{,}3\text{ cm}$

12

a)

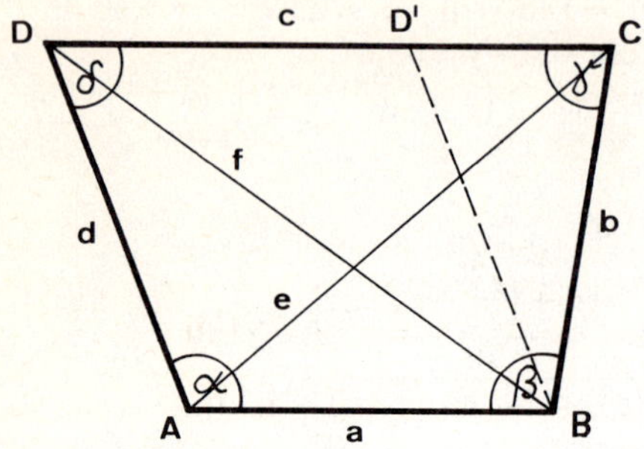

$\overline{D'C} = c - a = 2{,}8\ \text{m}$

$\cos\gamma = \frac{(\overline{D'C})^2 + b^2 - d^2}{2\,\overline{D'C}\,b}$; $\gamma \approx 59{,}3°$

$\beta = 180° - \gamma \approx 120{,}7°$

$e = \sqrt{a^2 + b^2 - 2ab\cos\beta} \approx 6{,}6\ \text{m}$

$\cos\delta = \frac{d^2 + c^2 - e^2}{2dc}$; $\delta \approx 83{,}3°$

$\alpha = 180° - \delta \approx 96{,}7°$

$f = \sqrt{b^2 + c^2 - 2bc\cos\gamma} \approx 5{,}2\ \text{m}$

b)

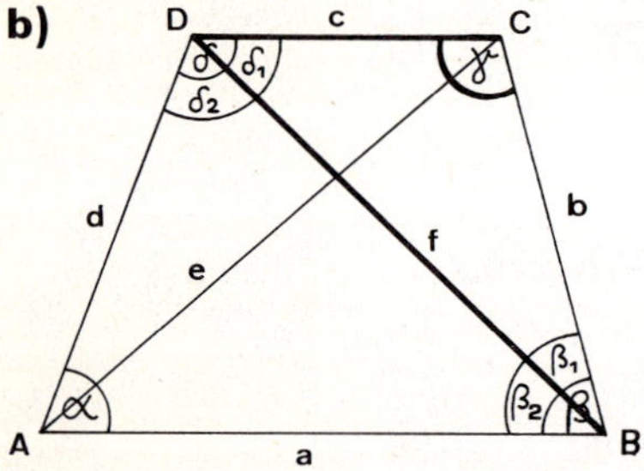

$\sin\beta_1 = \frac{c}{f}\sin\gamma$; $\beta_1 \approx 33{,}4°$

$\delta_1 = 180° - \beta_1 - \gamma \approx 16{,}6°$; $\delta_2 = \delta - \delta_1 \approx 88{,}4°$

$b = \frac{f \cdot \sin\delta_1}{\sin\gamma} \approx 33{,}2\ \text{cm}$; $\beta_2 = \delta_1 \approx 16{,}6°$

$\alpha = 180° - \delta \approx 75°$; $\beta = 180° - \gamma = 50°$

$a = \frac{f \cdot \sin\delta_2}{\sin\alpha} \approx 92{,}1\ \text{cm}$; $d = \frac{f \cdot \sin\beta_2}{\sin\alpha} \approx 26{,}3\ \text{cm}$

$e = \sqrt{c^2 + d^2 - 2cd\cos\delta} \approx 75{,}2\ \text{cm}$

4. Vermischte Aufgaben

1

a) $\varepsilon = 180° - \alpha - \gamma = 24°$; $a = \frac{s \cdot \sin\gamma}{\sin\varepsilon} \approx 486{,}4\ \text{m}$

b) $\zeta = 180° - \beta - \delta = 32°$; $e = \frac{s \cdot \sin\delta}{\sin\zeta} \approx 517{,}0\ \text{m}$

c) $\alpha_1 = \alpha - \beta = 57°$; $x = \sqrt{a^2 + e^2 - 2ae\cos\alpha_1} \approx 479{,}5\ \text{m}$

2

a) $e = \sqrt{s^2 + b^2 - 2sb\cos\beta} \approx 903{,}7\ \text{m}$

b) $\sin\alpha_1 = \frac{b}{e}\sin\beta$; $\alpha_1 \approx 32{,}8°$; $\alpha_2 = \alpha - \alpha_1 \approx 75{,}2°$

c) $x = \sqrt{a^2 + e^2 - 2ae\cos\alpha_2} \approx 958{,}5\ \text{m}$

3

a) $\beta' = 180° - \beta = 131°$; $\gamma = 180° - \beta' - \alpha = 14°$

b) Sinussatz: $l = \frac{\overline{AB} \cdot \sin\beta'}{\sin\gamma} \approx 405{,}6$ m

c) $h = l \cdot \sin\alpha \approx 232{,}6$ m

4

a) ε; $\varepsilon = 180° - \alpha - \beta = 63°$

b) $a = \frac{s \cdot \sin\beta}{\sin\varepsilon} \approx 185{,}7$ m

c) $h = a \cdot \tan\gamma \approx 321{,}6$ m

Test

1

$\frac{k}{l} = \frac{\sin\alpha}{\sin\beta}$; $\frac{l}{m} = \frac{\sin\beta}{\sin\gamma}$; $\frac{k}{m} = \frac{\sin\alpha}{\sin\gamma}$

$k^2 = l^2 + m^2 - 2lm\cos\alpha$; $l^2 = k^2 + m^2 - 2km\cos\beta$; $m^2 = k^2 + l^2 - 2kl\cos\gamma$

2

a) $\sin\alpha = \frac{a}{c}\sin\gamma$; $\alpha \approx 50{,}0°$; $\beta = 180° - \alpha - \gamma \approx 50°$; $b = a = 7$ cm

b) $\cos\alpha = \frac{b^2 + c^2 - a^2}{2bc}$; $\alpha \approx 52{,}0°$; $\cos\beta = \frac{a^2 + c^2 - b^2}{2ac}$; $\beta \approx 59{,}3°$
$\gamma = 180° - \alpha - \beta \approx 68{,}7°$

c) $\gamma = 180° - \alpha - \beta = 40°$
$a = \frac{b \cdot \sin\alpha}{\sin\beta} \approx 5{,}7$ cm; $c = \frac{b \cdot \sin\gamma}{\sin\beta} \approx 5{,}2$ cm

3

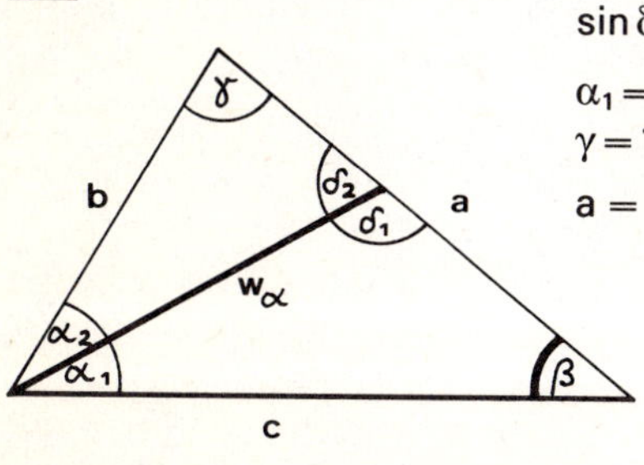

$\sin\delta_1 = \frac{c}{w_\alpha}\sin\beta$; $\delta_1 \approx 74{,}6°$
$\alpha_1 = \alpha_2 = 180° - \beta - \delta_1 \approx 65{,}4°$; $\alpha \approx 130{,}8°$
$\gamma = 180° - \alpha - \beta \approx 9{,}2°$
$a = \frac{c \cdot \sin\alpha}{\sin\gamma} \approx 28{,}4$ cm; $b = \frac{c \cdot \sin\beta}{\sin\gamma} \approx 24{,}1$ cm

4

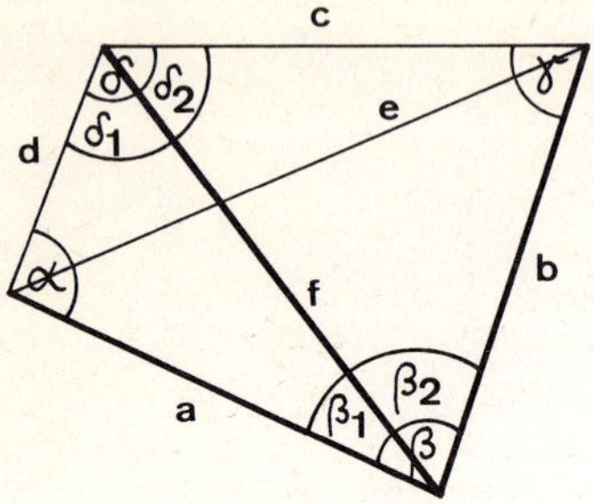

$e = \sqrt{a^2 + b^2 - 2ab\cos\beta} \approx 76{,}4$ m

$\sin\delta_1 = \frac{a}{f}\sin\alpha$; $\delta_1 \approx 33{,}4°$

$\beta_1 = 180° - \alpha - \delta_1 \approx 34{,}6°$

$d = \frac{f \cdot \sin\beta_1}{\sin\alpha} \approx 39{,}2$ m; $\beta_2 = \beta - \beta_1 \approx 65{,}4°$

$c = \sqrt{b^2 + f^2 - 2bf\cos\beta_2} \approx 67{,}1$ m

$\sin\delta_2 = \frac{b}{c}\sin\beta_2$; $\delta_2 \approx 54{,}4°$

$\delta = \delta_1 + \delta_2 \approx 87{,}8°$

$\gamma = 180° - \beta_2 - \delta_2 \approx 60{,}2°$

V. Weitergehende Betrachtungen

1. Beziehungen zwischen den Winkelfunktionen

1

a) $x = \cos\alpha$, $y = \sin\alpha$

b) $\sin\beta = \frac{x}{1} = x$; $\cos\beta = \frac{y}{1} = y$ **c)** —

2

$\sin 27° \approx 0{,}4540$; $\cos(90° - 27°) = \cos 63° \approx 0{,}4540$
$\cos 27° \approx 0{,}8910$; $\sin(90° - 27°) = \sin 63° \approx 0{,}8910$

3

a) Katheten: $\sin\alpha$, $\cos\alpha$; Hypotenuse: 1

b) $(\sin\alpha)^2 + (\cos\alpha)^2 = 1$

4

$\alpha = 25°$: $0{,}1786 + 0{,}8214 = 1$
$\alpha = 137°$: $0{,}4651 + 0{,}5349 = 1$

5

a) $\frac{\tan\alpha}{\sin\alpha} = \frac{\frac{\sin\alpha}{\cos\alpha}}{\sin\alpha} = \frac{\sin\alpha}{\cos\alpha\cdot\sin\alpha} = \frac{1}{\cos\alpha}$

b) $\cos^3\alpha + \sin^2\alpha\cdot\cos\alpha = \cos\alpha\,\underbrace{(\cos^2\alpha + \sin^2\alpha)}_{=1} = \cos\alpha$

c) $\sqrt{1-\cos\alpha}\cdot\sqrt{1+\cos\alpha} = \sqrt{(1-\cos\alpha)(1+\cos\alpha)} = \sqrt{1-\cos^2\alpha}$
$= \sqrt{\sin^2\alpha} = \sin\alpha$

d) $\sqrt{1+\tan^2\alpha} = \sqrt{1+\frac{\sin^2\alpha}{\cos^2\alpha}} = \sqrt{\frac{\cos^2\alpha+\sin^2\alpha}{\cos^2\alpha}} = \sqrt{\frac{1}{\cos^2\alpha}} = \frac{1}{\cos\alpha}$

6

a) $(1+\sin\alpha)(1-\sin\alpha) = 1-\sin^2\alpha = \cos^2\alpha$

b) $\tan\alpha\cdot\sin(90°-\alpha) = \frac{\sin\alpha}{\cos\alpha}\cos\alpha = \sin\alpha$

c) $\sqrt{\frac{\tan\alpha}{\cot\alpha}} = \sqrt{\frac{\tan\alpha}{\frac{1}{\cot\alpha}}} = \sqrt{\tan^2\alpha} = \tan\alpha$

d) $(\sin\alpha+\cos\alpha)^2-1 = \sin^2\alpha+2\sin\alpha\cdot\cos\alpha+\cos^2\alpha-1 = 2\sin\alpha\cdot\cos\alpha$

7

a) $\cos\alpha = \sqrt{1-\sin^2\alpha}$

b) $\sin\alpha = 0{,}5$: $\cos\alpha = \sqrt{1-0{,}25} = \sqrt{0{,}75} = \frac{1}{2}\sqrt{3} \approx 0{,}8660$

$\sin\alpha = \frac{1}{2}\sqrt{2}$: $\cos\alpha = \sqrt{1-\frac{1}{2}} = \sqrt{\frac{1}{2}} = \frac{1}{2}\sqrt{2} \approx 0{,}7071$

$\sin\alpha = \frac{2}{3}$: $\cos\alpha = \sqrt{1-\frac{4}{9}} = \sqrt{\frac{5}{9}} = \frac{1}{3}\sqrt{5} \approx 0{,}7454$

8

a) $\tan\alpha = \frac{\sin\alpha}{\sqrt{1-\sin^2\alpha}}$

b) $\tan\alpha = \frac{0{,}6}{\sqrt{1-0{,}36}} = \frac{0{,}6}{\sqrt{0{,}64}} = \frac{0{,}6}{0{,}8} = \frac{3}{4}$

c) $\cot\alpha = \frac{1}{\tan\alpha} = \frac{4}{3}$

d) $\sin\alpha = 0{,}5$: $\tan\alpha = \frac{1}{3}\sqrt{3}$; $\sin\alpha = \frac{1}{2}\sqrt{2}$: $\tan\alpha = 1$

$\sin\alpha = \frac{20}{29}$: $\tan\alpha = \frac{20}{21}$ **e)** $\cot\alpha = \sqrt{3}$; 1; $\frac{21}{20}$

2. Die trigonometrischen Funktionen auf $\mathbb{R}$

1 **a)** – **b)** im Vorzeichen; $\sin(-\alpha) = -\sin\alpha$ **c)** Sie sind gleich!

2

$\sin(-34{,}5°) \approx -0{,}5664$; $\sin 34{,}5° \approx 0{,}5664$; $\cos(-34{,}5°) = \cos 34{,}5° \approx 0{,}8241$
$\sin(-210°) = 0{,}5$; $\sin 210° = -0{,}5$; $\cos(-210°) = \cos 210° \approx -0{,}8660$
$\sin(-0{,}4\pi) \approx -0{,}9511$; $\sin 0{,}4\pi \approx 0{,}9511$; $\cos(-0{,}4\pi) = \cos 0{,}4\pi \approx 0{,}3090$
$\sin(-4) \approx 0{,}7568$; $\sin 4 \approx -0{,}7568$; $\cos(-4) = \cos 4 \approx -0{,}6536$

3

a) $\tan(-\alpha) = \frac{\sin(-\alpha)}{\cos(-\alpha)} = \frac{-\sin\alpha}{\cos\alpha} = -\frac{\sin\alpha}{\cos\alpha} = -\tan\alpha$

b) $\cot(-\alpha) = \frac{1}{\tan(-\alpha)} = \frac{1}{-\tan\alpha} = -\frac{1}{\tan\alpha} = -\cot\alpha$

4

a) $\cos 800° = \cos(800° - 2\cdot 360°) = \cos 80° \approx 0{,}1736$

b) $\sin(-597°) = \sin(-597° + 2\cdot 360°) = \sin 123° \approx 0{,}8387$

c) $\tan 482° = \tan(482° - 3\cdot 180°) = \tan(-58°) \approx -1{,}6003$

d) $\cot 600° = \cot(600° - 3\cdot 180°) = \cot 60° \approx 0{,}5774$

e) $\sin 6{,}1 = \sin(6{,}1 - 2\pi) \approx \sin(-0{,}18) \approx -0{,}1790$

f) $\tan(-7) = \tan(-7 + 2\pi) \approx \tan(-0{,}72) \approx -0{,}8714$

g) $\cos\left(-\frac{27}{4}\pi\right) = \cos\left(-\frac{27}{4}\pi + 6\pi\right) = \cos\left(-\frac{3}{4}\pi\right) \approx -0{,}7071$

h) $\cot 3{,}5\pi = \cot(3{,}5\pi - 3\pi) = \cot 0{,}5\pi = 0$

5

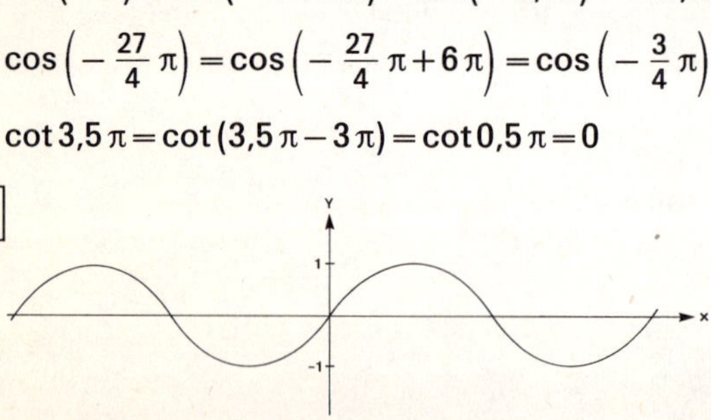

6 → **7** **a)** $y = \cos x$: γ); $y = \cot x$: δ); $y = \sin x$: α); $y = \tan x$: β)

b) $y = \cos x$ **c)** $y = \sin x$, $\tan x$, $\cot x$

8 **c)** s. Abbildungen

a) —

b) —

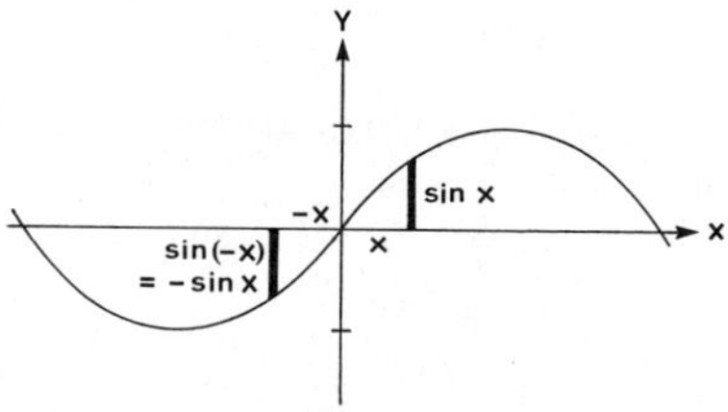

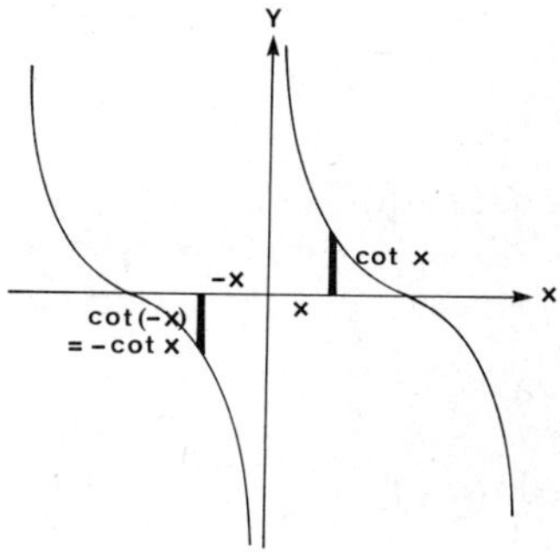

3. Einfache Additionstheoreme

1 **a)** $\sin 36° \approx 0{,}5878$; $\sin 51° \approx 0{,}7771$; $\sin(\alpha + \beta) = \sin 87° \approx 0{,}9986$

b) Nein, da $\sin 36° + \sin 51° \approx 1{,}3649 \neq 0{,}9986 = \sin 87°$

2 **a)** $\frac{1}{2}c = r \cdot \sin\gamma$; $c = 2r\sin\gamma$

b)

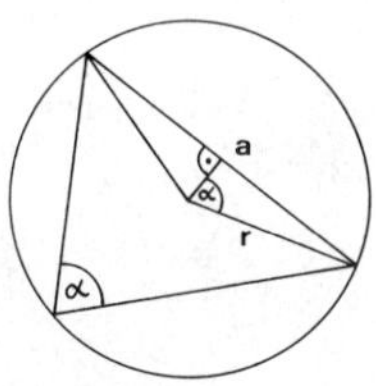

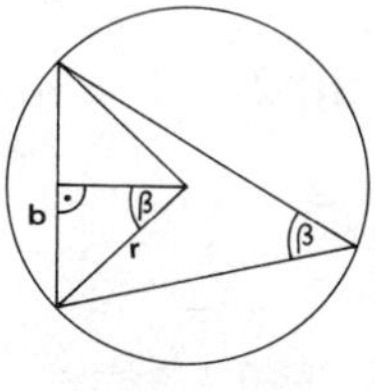

c) $\sin\alpha = \frac{\frac{a}{2}}{r}$; $a = 2r \cdot \sin\alpha$ $\sin\beta = \frac{\frac{b}{2}}{r}$; $b = 2r \cdot \sin\beta$

3 $\sin(180° - \alpha) = \sin\alpha$

4 **a)** $\cos\alpha = \frac{d}{b}$; $d = b \cdot \cos\alpha$

b) $\cos\beta = \frac{e}{a}$; $e = a \cdot \cos\beta$ **c)** —

5

$\sin(36° + 51°) = \sin 87° \approx$
$\approx 0{,}9986$
$\sin 36° \cdot \cos 51° + \sin 51° \cdot \cos 36° \approx$
$\approx 0{,}5878 \cdot 0{,}6293 + 0{,}7771 \cdot 0{,}8090 \approx$
$\approx 0{,}9986$

6 **a)** $c^2 = a^2 + b^2 - 2ab\cos\gamma$

b) $c^2 = a^2 + b^2 - 2ab\cos(180° - (\alpha+\beta)) = a^2 + b^2 + 2ab\cos(\alpha+\beta)$,
da $\cos(180° - \alpha) = -\cos\alpha$ (Kapitel III.1).

c) $e^2 = a^2 - h_c^2$; $e = a\cdot\cos\beta$; $h_c = a\cdot\sin\beta$ **d)** —

7

$$\cos(\alpha-\beta) = \cos(\alpha+(-\beta)) = \cos\alpha\cdot\cos(-\beta) - \sin\alpha\cdot\sin(-\beta) = \cos\alpha\cdot\cos\beta + \sin\alpha\cdot\sin\beta,$$

da $\cos(-\beta) = \cos\beta$ und $\sin(-\beta) = -\sin\beta$.

8

$$\tan(\alpha+\beta) = \frac{\frac{\sin\alpha}{\cos\alpha} + \frac{\sin\beta}{\cos\beta}}{1 - \frac{\sin\alpha\cdot\sin\beta}{\cos\alpha\cdot\cos\beta}} = \frac{\tan\alpha + \tan\beta}{1 - \tan\alpha\cdot\tan\beta}$$

9

$$\tan(\alpha-\beta) = \tan(\alpha+(-\beta)) = \frac{\tan\alpha + \tan(-\beta)}{1 - \tan\alpha\cdot\tan(-\beta)} = \frac{\tan\alpha - \tan\beta}{1 + \tan\alpha\cdot\tan\beta},$$

da $\tan(-\beta) = \tan\beta$.

TEST **1** **a)** $\frac{\cos\alpha}{\cot\alpha} = \frac{\cos\alpha}{\frac{\cos\alpha}{\sin\alpha}} = \frac{\cos\alpha\cdot\sin\alpha}{\cos\alpha} = \sin\alpha$

b) $2 - \sin^2\alpha = 1 + \cos^2\alpha \quad | + \sin^2\alpha - 1$
$2 - 1 = \sin^2\alpha + \cos^2\alpha$; $1 = 1$

2

$\cos\alpha = \sqrt{1 - \sin^2\alpha}$; $\tan\alpha = \frac{\sin\alpha}{\sqrt{1-\sin^2\alpha}}$

$\sin\alpha = 0{,}3$: $\cos\alpha = \sqrt{1 - 0{,}09} = \sqrt{0{,}91} \approx 0{,}9540$

$\tan\alpha = \frac{0{,}3}{\sqrt{0{,}91}} \approx 0{,}3145$

3

a) $\tan 800° = \tan(800° - 4\cdot 180°) = \tan 80° \approx 5{,}6713$

b) $\cos(-7{,}5\pi) = \cos(-7{,}5\pi + 8\pi) = \cos 0{,}5\pi = 0$

4

$\sin 2\alpha = \sin(\alpha+\alpha) = \sin\alpha\cdot\cos\alpha + \sin\alpha\cdot\cos\alpha = 2\sin\alpha\cos\alpha$

Aussagen über $\sin(\alpha-\beta)$ oder $\cos(\alpha-\beta)$ lassen sich weniger aufwendig herleiten, wenn man die beiden eben genannten Additionstheoreme benutzt.

7

Bei der Herleitung eines Additionstheorems für $\sin(\alpha-\beta)$ gehen wir von dem Theorem $\sin(\alpha+\beta)=\sin\alpha\cdot\cos\beta+\sin\beta\cdot\cos\alpha$ aus und ersetzen β durch $-\beta$.
Wir erhalten $\sin(\alpha-\beta)=\sin\alpha\cdot\cos(-\beta)+\sin(-\beta)\cdot\cos\alpha$.

Wegen $\cos(-\beta)=\cos\beta$ und $\sin(-\beta)=-\sin\beta$ ergibt sich

$$\sin(\alpha-\beta)=\sin\alpha\cdot\cos\beta-\sin\beta\cdot\cos\alpha$$

Leite entsprechend her:

$$\cos(\alpha-\beta)=\cos\alpha\cdot\cos\beta+\sin\alpha\cdot\sin\beta$$

Auch für den Tangens lassen sich derartige Theoreme formulieren.

8

Gesucht ist ein Theorem für $\tan(\alpha+\beta)$.
Es gilt:

$$\tan(\alpha+\beta)=\frac{\sin(\alpha+\beta)}{\cos(\alpha+\beta)}=\frac{\sin\alpha\cdot\cos\beta+\sin\beta\cdot\cos\alpha}{\cos\alpha\cdot\cos\beta-\sin\alpha\cdot\sin\beta}.$$

Wir dividieren Zähler und Nenner des Bruchs durch $\cos\alpha\cdot\cos\beta$ und erhalten

$$\tan(\alpha+\beta)=\frac{\frac{\sin\alpha\cdot\cos\beta}{\cos\alpha\cdot\cos\beta}+\frac{\sin\beta\cdot\cos\alpha}{\cos\alpha\cdot\cos\beta}}{\frac{\cos\alpha\cdot\cos\beta}{\cos\alpha\cdot\cos\beta}-\frac{\sin\alpha\cdot\sin\beta}{\cos\alpha\cdot\cos\beta}}$$

Kürze und zeige, daß gilt:

$$\tan(\alpha+\beta)=\frac{\tan\alpha+\tan\beta}{1-\tan\alpha\cdot\tan\beta}$$

9

Zeige, daß gilt:

$$\tan(\alpha - \beta) = \frac{\tan\alpha - \tan\beta}{1 + \tan\alpha \cdot \tan\beta}$$

Test

1

Beweise die Formeln:

a) $\frac{\cos\alpha}{\cot\alpha} = \sin\alpha$ **b)** $2 - \sin^2\alpha = 1 + \cos^2\alpha$

2

Es sei $\sin\alpha = 0{,}3$. Drücke $\cos\alpha$ und $\tan\alpha$ zunächst allgemein durch $\sin\alpha$ aus und setze dann den gegebenen Sinuswert ein. Berechne $\cos\alpha$ und $\tan\alpha$.

3

Gib jeweils den betragsmäßig kleinsten Winkel an, der denselben Funktionswert hat wie

a) $\tan 800°$ **b)** $\cos(-7{,}5\pi)$,

und berechne dann die Funktionswerte.

4

Beweise: $\sin 2\alpha = 2\sin\alpha \cdot \cos\alpha$.
(Hinweis: Benutze das Additionstheorem für $\sin(\alpha + \beta)$ und setze darin $\beta = \alpha$.)